Insight

犀牛書局 選書

刘华杰————著

中国科学技术出版社
·北京·

步入林地之际，

惊讶的世人必得抛开他那套衡量伟大与渺小、聪明与愚钝的城市标准。

——爱默生

目录

写在前面

第一编 博物之问

附录

写在前面

FAQ是指经常被问到的问题（Frequently Asked Questions），因为问题后面附有简要解答，引申一下，FAQ相当于"常见问题回答"。

通常，博物学字眼并不出现于当下的媒体和学科目录中。虽然对于化学、分析力学、核物理、分子生物学许多人也搞不清楚，但因它们常见便不会再发问，而博物学不一样，谈到的并不多，相对而言，人们愿意提一些问题。这是好现象，说明人们有好奇心。

不过，我并不认为对于完全不了解博物学的人，只要读了FAQ就真的明白了什么是博物学。就像对于从来没学过地质学、数学、物理学的人，在其面前准备好各种FAQ的解答，他（她）也可能仍然体会不到什么是地质学、数学、物理学。怎么做效果会好些呢？亲自实践一番，对博物学尤其如此。学地质不跑野外，学物理不做实验等，想对这些学科有体会是根本不可能的。我认为，甚至不用解释太多，只把人带到野外，让他（她）静静观察一只鸟，注视一片树叶，品尝一串野果，追踪一只蜜蜂在花朵间传粉，他（她）就能明白博物学的用意。如果坚持做下来，并亲自记录，查文献，做鉴定，从演化论的观点看世界，就基本懂了何谓博物。再进一步，读读博物学大师怀特、达尔文、缪尔、法布尔、古尔德、威尔逊的作品，与大师对话，就能提升境界。

本书是部杂文集，除准备了博物学FAQ外，还收录了近期关于博物学的讨论，也包括与同行的对话及媒体的访谈。目的是通过举例的方式，尝试说明博物学。其实之前我写的《看得见的风景》、《博物人生》、《天涯芳草》和《檀岛花事》，大多是通过举例的方式谈论博物学，而不是抽象地议论。《博物学文化与编史》有部分内容抽象一点，但也有举例。

感谢同行、媒体对博物学的关注，这种持续的关注提供了巨大的能量。感谢提问者就博物学提出各种问题促使我不断思考。感谢我名下在读的各位硕士、博士研究生，他们代表着未来。感谢刘兵、田松、江晓原、胡亚东、黄世杰、韩建民、翁经义、潘涛、吴国盛、苏贤贵、周程、蒋劲松、刘孝廷、武夷山、汪劲武、罗毅波、赵一之、王文采、顾红雅、吕植、方震东、秦大公、单之蔷、林秦文、刘夙、刘冰、刘晓力、任玉凤、段伟文、钮卫星、李侠、徐保军、熊姣、王洪波、尹传红、李大光、吴燕、钱映紫、司建平、邬娜、王立刚、吴岩、倪一农、丘濂、温新红、李昶伟、胡怡、吴慧、王旭彤、肖健、苏青、杨虚杰等老师和朋友给予我的各种帮助。

2014年10月25日
于北京大学李兆基人文学苑

第一编

博 | 物 | 之 | 问

博物学FAQ

·**博物学是干什么的?**

针对提问者的背景，应当给出不同的回答。对于什么是物理学、什么是佛，都可以也应当给出不同的回答。对于一名小学生、初中生、大学文科生、大学物理系的研究生、费曼之类的物理学家，关于物理学也会有不同的理解和关注点。

在不清楚背景的情况下，对博物学只能做一般性的解释：博物学在宏观层面与大自然打交道，试图了解大自然中存在的动物、植物、菌类、矿物、星星、云等，对它们进行描述和分类，同时也关注大自然中各个部分之间、各个层面之间的关联。

通俗点讲，观鸟、看花、种菜、采集标本、给自然物分类等，都算在博物的范围，如果做得精致些、有条理些，就接近博物学了。

·博物学是科学吗？

按生态学、博物学教授安德森（John G.T. Anderson）的说法，博物学是最古老的"科学"。科学两字是打了引号的。是不是科学，要看概念的划界。我并不认为在全称上宣布博物学是科学或者不是科学有何特别的意义。在当下，最好不笼统地说它是科学，原因是，一方面科学界可能不同意，觉得它不够资格，另一方面博物学家也可能不同意，比如不愿意"同乎流俗、合乎污世"。当然，在历史上和现实中，博物学与科学有相当大的交集，有些研究者的身份也是重叠的。

·博物学究竟有什么用？

当人们纷纷强调某种东西如何有用时，对于博物学我就不想再提它的有用性了。我们可以反问一句：诗歌有用吗？孔子确实说过，诗可以兴、可以观、可以群、可以怨。不过，这些功用或许根本不在提问者考虑的"有用性"之范围中。

　　面对类似的提问，我首先想说：博物学没用。没用还关注、还浪费时间研究，不是犯傻吗？在这个社会中，有用性的极端便是靠它能高效地杀人、高效毁灭自己所讨厌的东西，其次，有用性便体现在靠它能当官、发财。依靠博物学，也能杀死人，但效率不高。用博物学当官，门都没有；用它没准能发点小财，但那不是它的目的所在。因此，我只好再次强调：博物学没用。

　　·如果承认了"没用"，在此基础上关于博物学还能谈什么？

　　在没用的前提下，可谈谈它的另类价值！梅特林克（1862－1949）说世上存在大量"无用且美好的"东西！在急功近利的人看来，文学、美学、哲学，甚至纯科学，统统没用。不过，当下的无用性有可能蕴藏着长远的有用性。

　　博物学扮演的角色可从人类个体、群体、天人系统的层面考虑。在个体层面，博物有可能放松自己。放松了，就将自己融入了更大的共同体，包括大自然。在群体层面，博物可能有助于大系统的平衡和适应。在天人系统层面，博物可能保持环境友好，因为博物学坚持自然公正原则，人是其所是，既不妄自菲薄也不膨胀僭越。

·与博物学关系密切，或者有一定渊源的学科有哪些？

有许多，如植物分类学、民族植物学、动物行为学、地质学、地理学、生态学、保护生物学、人类学、环境伦理学、自然哲学、环境美学等。

·与"博物学"精确对应的英文词或者词组是什么？

不同语言间词语很难精确对应，只可大致对应，内涵与外延不可能完全重合。与博物学大致对应的是natural history，博物学家对应于naturalist。

·英文natural history为何不直接翻译为"自然史"？而naturalist似乎还有别的意思？

因为natural history来自拉丁词组 *historia naturalis*，产生较早，当初词组中的history并无"历史"的意思，而是描述、探究之义。现在，natural history作为一门学科或者学术领域，最好译作博物学。这也是约定俗成，很久以前许多学者已经这样翻译了，就像统计物理学中的"输运理论"（transport theory）不能译成"运输理论"、数学中的"傅里叶级数"（Fourier series）不能译成"傅里叶系列"、"递归函数"（recursive function）不能译成"递归功能"一样。但也并非见到这个词组就只能这样死译，当它作为一种探究方式时，译成"博物志"也是可以的。如味觉博物志、灰雁博物志、独角兽博物志、经济学博物志，等等。也有许多人自信地非要译成"自然史"，那也没办法，就当是个代号吧。

的确，naturalist在不同学科中有不同的意思，比如你可以在卡斯达纳利（Jules-Antoine Castagnary）的艺术评论意义上、蒯因（Willard van Orman Quine）的科学哲学意义上，也可以在怀特（Gilbert White）、约翰·雷（John Ray）、达尔文、迈尔（Ernst Walter Mayr）的博物学意义上理解，它们非常不同。我们说的博物学家，通常指的只是怀特、华莱士、达尔文、洛克（Joseph F. Rock）、迈尔、古尔德、威尔逊（Edward Osborne Wilson）等。

·博物学在认知上有何特点？

强调宏观描述、分类及系统关联。与还原论、数理科学形成鲜明对照，但并不是完全对立，博物学照样可以使用还原论、数理科学的成果。在一般性描述中强调博物学的特色，是想区别于其他学问、探究方式。

·博物学是否意味着不专业、业余？

经常有人这样以为。与其他领域一样，"从业者"都有专业与业余之分，也许在博物学领域后者多一些。博物学并不一定意味着、蕴涵着不专业或者不深刻，回顾一下科学史，这一点是非常清楚的，比如林奈、达尔文、华莱士、迈尔、威尔逊。许多博物学家对大自然有精细的、深刻的了解。不过，也必须承认，博物学的门槛很低，几乎人人可以尝试，而对于其他学问，恐怕就不行。

· 博物学与科学是什么关系？为什么不直接说博物学是科学？

问题又回来了！博物学中有科学的成分也有非科学的成分，不必攀高枝把自己打扮成科学，虽然许多领域和许多人习惯于争"科学"之名。科学有价值，非科学并非无价值，如文学、艺术。不把博物学直接说成是科学，有得当然也有失。失之于没有吓人的光环、借现代性之光的机会，得之于不受科学共同体的约束、不必承受对当今科学负面影响的指责。

· 我们注意到有时你说博物学是科学，有时又说不是科学，对吧？

没错。不过你要注意语境，即考虑语用学。当潜在的读者或者辩论的对手声称或暗示博物学是科学时，我通常会强调博物学不是科学，甚至要坚决捍卫博物学的非科学性！当读者或者辩论的对手暗示博物学不严格、不够学术时，我通常会强调博物学是科学或者包含科学成分，并且历史上自然科学从中受益良多！

·2011年华东师范大学出版社出版了《好的归博物》一书，这个书名有什么特别的含义？是说博物学都是好的吗？

局外人不容易明白为何取了这样一个奇怪的书名。之前，在科学主义的话语中，存在田松所讲的"好的归科学"的隐含假定。大意是，科学领域出了任何问题，都怪不了科学，因为那种出了事的、坏的东西不科学、不属于科学，即使原来与科学混在一起，也要从科学中摘出。总之，经过一番狡辩，科学的纯洁性得以维持。这种科学主义的辩护策略我们是不同意的。

我们是在反讽的意义上使用"好的归博物"这一修辞。也就是说，我们并不认为博物学一切都好得很。事实上，博物学有许多类型，有的是我喜欢的，有的是不喜欢的。历史上有的博物学家做了好事（以今天的眼光来看），有的做了坏事，有的既做好事又做坏事，有的是好是坏现在还不清楚。于是，"好的归博物"并非我本人所赞同的判断，书名这样起是在时刻提醒我们自己：别犯科学主义同样的错误，别像那些人一样为博物学辩护。2000年我出了一部文集《以科学的名义》，书名也是用来提醒自己的，那时我刚从科学主义者转变为非科学主义者。

为了便于理解，我推荐南京大学出版社出版的巴雷特（Andrea Barrett）的《独角鲸号的远航》（The Voyage of the Narwhal），它写了博物学家的另一面。虽是小说，却反映了实际的情况。许多探险考察都有小说中描写的那些不好的方面，我们必须正视，没必要回避。

· 博物学教育与自然教育有何不同？

都涉及人类个体或群体与大自然如何打交道的方面，在当下都强调尊重大自然、保护大自然。不同之处可能在于博物学教育是间接做此事，而自然教育直接做此事。在日本，自然教育发展迅速，据说有3900多所自然学校，它们是正规教育体系之外的学校。从事自然教育的很多人本身就是博物学家。

· 博物学与科普是什么关系？传播博物学是否就是传播科学？

坦率说没有直接关系，两者旨趣、性质不同。不过，现实中确实有一定关系，有些人习惯性地把一些博物学活动与科普联系起来。那样做有一定好处，能够部分借到科普的光，但也是有代价的。传播博物学是一种文化传播工作，美国国家地理及其电视频道、英国广播公司的博物部做的许多事情属于博物学文化传播，很少提科普，只是国内有人愿意从科普的角度去理解。公众尝试博物学可能想获得某种体验，科技知识的获取可能不是关注的最核心内容。

我甚至立即想起《禅定荒野》（*The Practice of the Wild*）中的一句话："我们正凭借古老的知识向上爬，很快我们就会碰到正在走下坡路的科学了。"如果连续性存在，相遇是必然的。

·博物学已经死掉，为何还想恢复它？

博物学在正规教育体系中已经衰落，但并没有完全死掉。即使承认快死掉了，也有许多理由恢复它，因为当今以及未来人类社会的存续需要它。学者以及公众需要从整体上、在宏观层面持续感受、理解整个世界，对正在发生的事情和即将发生的事情、对来自科学与非科学领域的命题、理论，做出新的价值评判。

·有可能恢复博物学吗？能否举例说明？

事在人为。与博物学相关的讲座总是受到欢迎，这就很说明问题。北京大学附中已经开设博物课多年，效果非常好。许多毕业的同学反映这门课收获很大，对自己产生了持续影响。我本人在北京大学面向本科生也开设《博物学导论》课程，面向我的研究生开设了《博物学文化》和《博物学编史理论与方法》课程。

在正规教育中恢复博物学只是一个方面，当前更主要的是在课外自学中面向所有人推广博物学理念，倡导博物学生存。最近几年，经常有人请我讲博物学，比如国家图书馆就请我讲了两次。

最近，出版界开始关注博物学题材。10年前我就预言过，中国出版界会越来越喜欢博物学题材。

·当今正规教育体系为何抛弃博物学?

清末民国时期,博物学在各级教育中还是有一席之地的,特别是一些启蒙教育,博物色彩很浓,这可从当时的教材中看出来,如《幼学琼林》、《澄衷蒙学堂字课图说》,高等学校中也有博物课,甚至有博物部、博物系。新中国刚成立时教育资源有限,国家急需实用人才,博物学自然靠边站。几十年后,中国的教育已经发展为世界上最庞大的体系,每年颁发数量最多的博士学位,"科教兴国"已经成为国家战略,但仍然没有博物学什么事,各级课程体系中根本就没有博物的字样。这与当今正规教育的导向有关,与教育界想培养什么样的人才有关,即与教育的目的、方针、政策有关。当今教育是"现代性"范式下的教育,以培养对大自然、对他人有竞争力的主体(agent)为基本职责。在这样一种状况下,博物学的确落伍了,因为它"太慢"、"不深刻"、"没力量"!

·这么说博物学的衰落只是中国的事情了?

不对。博物学的式微是由现代性决定的,中国只是现代性大潮中的一分子。进入20世纪,一直到现在,博物学整体上都在衰落。这与现代性对力量、生产力、竞争力的过分强调有关。

不过,西方发达国家在本国维持了某种多样性,博物学作为文化多样性的一部分而得以保持和一定的恢复。中国处于现代化的"下游"，主旋律是求力而不求多样性，因而博物学的地位更悲惨一些。我相信这是暂时现象，等中国真正发达了、自信了，博物学一定会适当恢复。不过，即使恢复，也不可能成为主流，除非现代性的逻辑变得不起作用！

· **博物学与地方性知识是什么关系？地方性知识没有普适性吗？**

地方性知识（local knowledge，简称LK）是来自人类学的概念，最近经常有人谈到它。博物学起源于地方性知识或本土知识（indigenous knowledge，简称IK），我更喜欢后一种称谓。"地方"一词容易产生误解，当然"本土"也会引起多种联想。并不是说这类知识没有一定的普适性，与其他知识一样，它们当然也有一定的普适性，也在广阔的时空中成立、适于较大的群体。另一方面，所有知识也都有其适用的范围、成立的条件，也就是说并非绝对放之四海而皆准的。LK和IK称谓直接显现的是它们在起源上和维系上的特点。其持有者的确不特别在意知识的普适性和异地传播，并没想着将其标准化、去与境化后用于榨取剩余价值、操控整个世界。

说博物学是本土知识，是想强调它与百姓"生活世界"的紧密性，以及这类学问的自然特征，因为现在许多学问已经很不自然了。对于城市以外的居民，没有现代科技照样可以生存，但他们不可能没有自己的博物学。

·对在中小学恢复博物学教育你有何建议？

要减少应试教育的比重，让学生有更多时间和机会接触大自然，尽可能在自然环境中玩耍。应当结合社区、家乡的具体情况编写乡土教材，教育学生熟悉家乡的历史、自然环境、生物多样性，即让孩子从小掌握一些地方性知识，这些知识可以受用终身。只有这样，孩子才能了解、热爱家乡，长大后想着报答家乡。其次，可以开展形式多样的自然体验活动。

我记得我读小学时每周都有劳动课。学校有校田地，自然是在老师指挥下由学生打理，另外农忙时学生还要经常帮生产队干农活。脱坯、割草、运砖、垫路基、植树、砌墙、拾粪、锄草、插秧、栽红薯、翻红薯藤、拔草、抗旱浇水、拣土豆、割谷子、拔萝卜、收大白菜等活计，样样都干。影响文化课学习了吗？家长有意见吗？我觉得没有影响学习，家长也没有意见，当时的学生都很"皮实"。春季每位学生都有采蕨菜的任务，以支援国家建设，蕨菜出口用来换钢材，每人的份额是8市斤（4千克）。每年全校师生都参加一次"野游"活动，步行很远，登山、野餐。每年秋季班主任都要带全班同学"小秋收"，上山采集野山楂、野葡萄、刺玫果、五味子、草药种子等，回来后分拣、晾晒，出售给供销合作社，用换回的钱购买文具再分给同学。同时，老师会布置写关于秋景、秋收的作文。时代变了，有些已经无法照搬，但类似的事情还是可以做的。

· 大力提倡博物学，是否考虑到了历史上博物学干过的坏事？

非常好、非常尖锐的问题。前面就《好的归博物》这一书名的讨论已经涉及此问题。

博物学与科学一样，在历史上的确都干过坏事。当然有人不承认科学曾做过坏事。如果坚持那样的逻辑，也可以辩称博物学也好极了，从没干过坏事。

不过，那种"好的归科学"的辩护策略并不吸引人，我们不愿意接着来一个"好的归博物"，而是明确承认博物学中有好有坏。至此，答案已经有了，我们要不断重新建构我们喜欢的博物学！其实别的领域差不多也是这样做的，只是没说透。重点不在于全称判断，而在于具体的博物学内容比较而言是否有吸引力，"全部科学"和"全部博物学"都是指称不明确的东西。

· 你说的博物学为何与历史上真实发生的博物学不完全一样？

谢谢你没有直接说我胡编了一种博物学！历史上的博物学的确在发展变化之中，每个时代的博物学都各有其特点，不同地域的博物学也各有其特征。哲学、自然科学何尝不是这样？

另外，"历史上真实发生的"只是一种美好的修辞，"客观的历史事实"之类用语只是朴素实在论的想法（它对于理解历史并无价值，通常用于辩论中批评对手），没人能完全搞清楚真实的历史，历

史是后来人依据不同的框架、缺省配置书写的、建构的。当然，建构不是无根据地建构，每一种建构都要讲道理。

· 为何国外的许多科技史学者在做博物学史？

原因很多，比如别的东西做多了做腻了就想做做博物学史。开个玩笑，也不纯是玩笑。根本原因在于博物学对于人地系统（天人系统）可持续生存很重要。迄今自然科学有四大传统：博物传统、数理传统、控制实验传统和数值模拟传统，现实中的各门科学基本上是这四大传统的某种组合、搭配。既然博物学与其中最悠久的一个传统有关，以前又研究不足，现在自然有关注的必要。此外，科技史研究与文化史研究在操作上日益融合，科学的文化特征而非认知特征得到空前重视。在这样一种趋势下，博物的视角并非只限于博物类科学史，也同样可用于审视数理科学史、还原论科学史、实验科学史，特别是对人物的研究。比如，可以用博物学的眼光研究伽利略、牛顿、莱布尼兹、法拉第、麦克斯韦、爱因斯坦、图灵、冯·诺伊曼、杨振宁、吴健雄，这将涉及我所说的"博物学编史纲领"。这个纲领并非只考虑博物类科学，它有更大的野心。

·国外有大批优秀的博物学家和博物学著作，而中国却少见，是不是中国人不擅长博物？

前半部分大约是事实，后面的看法根本不成立。

中国历史上有许多优秀的博物学家和博物学作品，如张华、郑樵、沈括、徐霞客、李时珍、李渔、高濂、吴其濬、曹雪芹、李汝珍等人的作品。现在也有，只是人们不太注意罢了，比如季羡林的《蔗糖史》，赵力的《图文中国昆虫记》，张巍巍的《昆虫家谱》、安歌的《植物记》，付新华的《故乡的微光》，徐仁修的"蛮荒探险系列"，朱耀沂的《蜘蛛博物学》、《成语动物学》和《台湾昆虫学史话(1684 – 1945)》，郭宪的《那些花儿》，阿来的《草木的理想国：成都物候记》，等等。我个人知道的吕植、位梦华、赵力、赵欣如、单之蔷、徐健、倪一农、林秦文、刘冰、王辰、张巍巍、党高弟、钱映紫、安歌、顾有容、余天一、冯永锋等都有很好的博物情怀，非常优秀。

·在当今的台湾，博物学发展得如何？

我国台湾有一批非常优秀的博物学家，如刘克襄、朱耀沂、潘富俊、徐仁修等，他们出版了许多优美的博物学作品。两岸的博物学应当充分交流。

·恢复博物学、倡导博物人生最大的障碍在什么方面，有利的方面是什么？

障碍在于许多人喜欢随大流或者赶潮流，对世界、对人生没有思索，不知道目前的工业文明是不可持续的，不知道自己随大流的生活方式对人地系统无好处对自己也未必有好处。有利的方面在于，越来越多的人认识到目前的发展模式有问题，当下的教育体制、教育方针及人才培养模式有问题，开始学会尊重多样性。

·你是男性，为何喜欢花花草草？如此感性的东西与你的专业哲学有关系吗？

喜欢花草跟性别没有必然联系。通常女性做饭，但也有男厨子！

男人女人都有喜欢植物的。钟情于美丽的花朵，可能反映了人的一种天性。我们依恋着大自然，我们属于大自然；而时代精神（哲学经常这样自居）不能不关注盖娅（希腊神话中的大地之神）。博物学在乎的花朵好比女性，哲学在乎的理性好比上帝，女性与上帝一定要对立吗？是否有合二为一的可能性？我认为有，比如女神！比如敬畏自然，憧憬天人系统的可持续生存！

哲学上有许多人都听说过一个句子：两极相通。也有人提及，中国古代的儒释道本来都是有灵性的生命之学，强调亲证、体证，反对一味地在概念上胡扯。博物学为此提供了一个实例，博物学既感性又理性，既具体又抽象。哲学有不同的做法，现在英美主流哲学界仍然延续分析的套路，但除此之外还有别的哲学。简单说，哲学不等于概念、命题、逻辑分析和论证。哲学号称是时代精神的体现，自然不能完全无视活生生的现实——现代性给人的种种压迫。哲学只要睁眼看世界，就有可能与博物学联系上。哲学家可以引入价值判断，对人类的当下理想生活方式给出规范性的说明，在"变焦"的过程中审视何谓自然、人性、神性、崇高、正义、真理、合理性等。

· 你个人的植物学、博物学知识主要从哪学来的？听说你爬树很快？

我没有"科班"学过。小时候，我的植物学、博物学知识都是通过父亲、母亲言传身教学来的。在我眼里，父亲是百科词典，对家乡的一切都非常了解并且能讲出点道理来。跟着父母，通过采山菜、拣蘑菇、挖药材、摘野果、割柴禾，不知不觉就对家乡的博物志熟悉起来，我上小学时就能独立上山做这些事情了。

山里长大的孩子几乎没有不会爬树的。野外生存，爬树是基本工夫。

· 大家都很忙，你哪来那么多时间去博物？

时间当然对每个人都是公平的，但自己能否做主、相对自由地支配时间则因人而异。我基本不用手机，这就节省了许多时间。我的手机正常状态是关机，手机款式也很老，现在几乎没人在用了，别人无数次劝我换手机甚至送我手机我都没动心。现代人唯一谦虚的表现似乎就是低头看手机，所以现代人也可称为"低头族"。其次，要减少不必要的应酬。人是社会性生物，有些应酬是需要的，但现在应酬的范围在不断扩大，吃饭和社交要应酬，做学问和开学术会议还要应酬，真是无趣而且劳累。我当初选择教师这一职业，就是为了清静点。

并非所有的忙都值得称赞或同情。有人喜欢忙有人不喜欢忙，有的纯粹在瞎忙，自己忙不说还要折腾别人跟着忙。对我来说，要分清主次，有些事可做可不做就选择不做，通常我不同时做两件事，一心一意做一件事，整体而言效率还算高。我从不轻易答应某个差事，一旦答应则准时交活。该做的做完了，我自然有时间外出看植物，或者在附近看植物。

· 听说你要写一本关于野菜的书？

对。我个人很喜欢《救荒本草》，小时候也有采野菜的快乐经历。几年前就想写《北京的野菜》，计划收录百十来种，照片都准备好了。多家出版社很积极，要跟我签合同。我没答应，书也一直没有写，主要是有顾虑，担心一些植物因此遭殃。经常见到一些大妈在校园里、植物园里挖野菜（即使允许采，也不应当采，因为污染严重，还喷过农药）。如果我写了这样的书，只会加剧这类不良行为。另外，北京周边山上还有许多种类的野菜，但数量不多，经不起采挖。综合考虑后，我觉得还是抑制一下自己写此书的冲动。

现在，我自己也偶尔采野菜，但有严格限制，只采数量较多的种类，更不会在城区采。我自己也种点菜、栽点果树（若干种类是我自己嫁接的），多半是为了玩，吃是次要的。

·你最喜欢的博物学家、哲学家是谁？

安德森曾说："我们人人生而为博物学家（We are all born natural historians）。"普通人与博物学大师之间的鸿沟相对而言要小于数理科学界的情况。

很难说最喜欢，我从不同的博物学家那里都能学到东西。如果一定要列出来的话，我比较喜欢徐霞客、G.怀特、梭罗、缪尔、利奥波德、迈尔、卡逊、劳伦兹、E.O.威尔逊。

我喜欢的哲学家有老子、庄子、亚里士多德、休谟、达尔文、罗素、怀特海、迪昂、胡塞尔、波兰尼。学院派通常不提达尔文，而我认为不提他，社会科学的哲学、认知科学、心灵哲学根本没法讲。

· 就西方而论，谁对博物学的贡献最大？

为了完整起见，必须同时提及有内在张力的两位大师：林奈和布丰。他们同一年出生，学术风格非常不同，但贡献均是一流的。他们两位的工作实际上是互补的。遗憾的是，历史上分属两支队伍的人马经常互相攻击。

除了上述两位，后来贡献较大的是达尔文和E.O.威尔逊。

· 中国的博物学好还是西方的博物学好？

没法比。相对于各自的生活方式，都是匹配的，或者说都是好的。我作为中国人，的确感觉中国的更好。不过，当世界一体化后，中西博物学不可能独立发展了，相互借鉴是必要的。

· 既然你感觉中国的更好，为何你和你的学生并不研究中国古代的博物学？

也不能说一点没有关注中国的博物学，比如我曾讨论过《诗经》中"赋比兴"的认知含义，还算有点新意。不过，总体上看我们的确不敢在一开始就碰中国古代的博物学。原因呢？准备得还不够，缺少足够的"框架"。先研究"比较简单"的西方博物学，积累一些经验、获得一定感受后，再来研究中国的可能比较合适。实际上已经在做计划，招学生方面已有所行动。研究中国古代的博物学，需要做艰苦的积累，不能太急，欲速不达。

· 培养博物兴趣，最好从什么时候开始？

什么时候都不晚，不过最好是在童年。

现在城里的孩子接触野性自然的机会越来越少，部分家长可以有意识地创造机会；多带孩子到各处旅行也有助于培养博物兴趣。

· 普通民众修炼博物学，一定要像科学家那样做吗？比如辨识植物，是否要按照科学家提供的检索表之各个项目来核对？

向科学家学习自然没错，但不必处处听科学家的！辨识花草，可以借鉴检索表，但不必照搬。事实上正如你按你自己的方式认出了单位的全部或者大部分同事一样，你也有希望以自己的方式辨识身边的花草。你的辨识方式不需要与他人的完全一致。他人通常可能通过DNA识别、可能通过试卷测试识别，而你可能仅仅听脚步声或者一声咳嗽就百分百断定那人是谁。博物致知，提倡一种有个性的personal knowing，相当于亲知、亲证。

· 有博物认知这回事吗？或者说有必要单独讨论博物学的认识论吗？

我觉得是有的，比如歌德对植物的研究所展示的，再比如拉夫洛克（James Lovelock）的盖娅学说所展示的。博物学的方法论与认识论是相关的，不能说只有前者没有后者。当然，极端者可能说两者都没有。对此，我不想反驳。没有就没有吧。

·重建博物学与文明批判有关吗？

有关。目前的文明有许多问题，有些人们已经感受到了，更多的还未被普遍意识到。我愿意引用博物学家华莱士的一段话："我们首先应该深刻意识到我们的文明所遭受的失败，这是因为我们忽略了我们的天性，抛弃了天生的道德观念和情感取向，而是更多地受着我们的法律、经济以及整个社会的影响。"华莱士批评的首先是大英帝国的文明，也适用于对西方文明甚至整个当代文明的批判。

单纯批判并不能解决问题。恢复博物学这件事，当然包含对现有文明的批判，也是对新文明的一种憧憬、一种行动。

·是否已有人写出了博物学史？

有。比如，简洁的有法伯(Paul Lawrence Farber)的《发现大自然的秩序：从林奈到威尔逊的博物学传统》，大部头的有安德森的《彰显奥义：博物学史》。不过，关于中国的，我还不知道。

重要的是，博物学不仅有历史，还有未来，我相信这一点。

· 中国媒体关注博物学吗？

2010年以前似乎不关注，但最近比较关注。媒体对博物学这样的非主流话题显得很有热情。以凤凰新媒体为例，凤凰卫视许戈辉主持的"与梦想同行"采访过我，凤凰卫视梁文道在"开卷八分钟"中介绍过我的《博物人生》，凤凰网读书会讨论了我的《檀岛花事》。传统报纸、刊物对博物学的报道就更多了，如《三联生活周刊》、《环球人物》、《亚太日报》采访过我。中国出版界变得越来越愿意出版博物学著作，这是好现象。

· 如何评价你个人对博物学的贡献？你正在主持一个有关博物学的国家社科基金重大项目，据了解此前"博物学"字样从来没有进入过社科基金资助的选题，您怎样看待这个重大项目？

个人是渺小的，尤其面对大自然之时。我个人只不过在恰当的时候关注了博物学而已，希望把它复兴起来。我也不是一个人在奋斗，我的同事、朋友都非常支持我。我做了一点点思考和建构，也喊了几嗓子。有多大意义？要过些时候才看得清楚。

社科基金资助博物学让我非常高兴。此前我也申请过博物学的一般项目，但没有成功；2013年申请重大项目，竟然批准了。我的思路没有变，我猜测，或者评审专家变了，或者评审专家的态度变了。没钱，我也做了十多年，有钱，当然会更努力。项目资助的是二阶博物学而不是一阶博物学，当下中国最缺少的也是二阶博物学研究。我会对得起纳税人的钱，发展博物学也会直接服务于公众。

· 什么是二阶博物学？能举几个例子吗？

二阶博物是对一阶博物活动、现象以及博物学家的研究。比如郑樵的《通志》、范发迪的《清代在华的英国博物学家》、余欣的《中古异相》、贾丁(Nick Jardine)等人编辑的《博物学文化》、艾伦（David Elliston Allen）的《英国博物学家》、纳什的《大自然的权利》、沃斯特的《自然的经济体系》、薛爱华（Edward Hetzel Schafer）的《朱雀》、托马斯的《人类与自然世界》、莫斯（Stephen Moss）的《丛中鸟：观鸟的社会史》、斯帕里（Emma Chartreuse Spary）的《桃花园》（*Utopia's Garden*）和《吃在启蒙：巴黎的食物与科学》（*Eating the Enlightenment: Food and the Sciences in Paris*）、弗仁茨（Roger French）的《古代博物学》、安德森的《彰显奥义：博物学史》。

中国古代博物学名著一瞥

博物一行发达的程度可从日常语言的丰富度来判断，比如谈耕地，中国人有耕、耙（bà）、耖（chào）、 耘、耥（tǎng）之区分；谈做菜，中国人有煎、炒、炖、炸、煨、煸之区分。中国古代有相当发达的博物学文化，与博物有关的知识、技艺弥漫于百姓的日常生活中，这应当是不争的事实。上至宫廷下至市井乡里，博物学与中国人的生存方式联系在一起，正是靠着这类"并不深刻"的知识，百姓的生活才有板有眼、有滋有味。从《诗经》、《博物志》、《南方草木状》到《梦溪笔谈》、《救荒本草》、《本草纲目》，甚至在《红楼梦》、《闲情偶寄》中，都能切身感受到浓重的博物学生存气息。

《诗经》中说"七月流火，九月授衣"，火指大火星，即心宿二，每年夏历六月此星出现在正南方。天象与农时在此自然地联系在一起。又如，"蒹葭苍苍，白露为霜。所谓伊人，在水一方。"短短16字，便把深秋江边送别的场面描写得生动而富深情，如果没有对芦苇的仔细观察，没有对"秋水"、"离别"的切身体验，总之没有博物情怀，这样的句子是很难写出的。这里没有船、没有歌，却有齐豫演唱罗大佑之《船歌》的流动画面；与电影《伊豆舞女》的码头送别相比，诗经"蒹葭苍苍"的意境也许更显高妙。

发达的博物学似乎也可以用来部分解释中国作为世界上多种古代文明之一，何以源远流长、从未中断这一"奇怪"现象。但是在现有的通史著作中，"博物"这一特点并没有被如实地表现出来。众多科技史图书和一般性历史图书为何较少自豪地提及中国古代的博物学呢？原因无非是，按照某种标准（比如现代性的标准、西方人的标准、近现代自然科学的标准、数理科学的标准）它们并不重要，或者说它们只有个别成分重要而大部分是垃圾。这要从编史观念上寻找原因，编史理论决定了会写出什么样的科技史。

这还是仅就一阶博物学而言的，如果考虑二阶博物学，中国古代博物学涉及的范围就更广、更有趣，相关研究工作也就愈能打破科技史与一般历史的界限。季羡林先生在其一生中最宏大的著作《蔗糖史》中说："我对科技所知不多，我意在写文化交流史，适逢糖这种人人日常食用实为微不足道，但又为文化交流提供具体生动的例证的东西，因此就引起了我浓厚的兴趣。"（季羡林，2009：3）"恐怕很少有人注意到，考虑到，猜想到，人类许多极不显眼的日用生活品和极常见的动、植、矿物的背后竟隐藏着一部十分复杂的，十分具体生动的文化交流的历史。糖是其中之一。"（季羡林，2009：5）

季羡林先生的这部有着80余万字的著作《蔗糖史》是典型的博物学史著作，它的单行本出版于2009年，显然不属中国古代的范畴，但上面所引季羡林先生的两段话暗示了新型中国古代科技史研究的广阔范围，选题可能源于既超脱又实用的考虑。"范围广阔"是指它可以包含通常不为科学史家注意的小东西、小事情。"超脱"是指，今人没必要再从狭隘的爱国主义出发，一味地为古代中国人发掘出几个世界第一。"实用"是指，着眼于生活史和文化史，尽可能从当时人们的实际生活需要出发，重建古代社会的认知与生活场景。

可以放心地说，中国古代绝不缺少优秀的博物学著作。人们可以轻松列举出许多，如《山海经》、《博物志》、《开元占经》、《神农本草经》、《南方草木状》、《证类本草》、《徐霞客游记》、《梦溪笔谈》、《菊谱》、《笋谱》、《竹谱详录》、《救荒本草》、《本草纲目》、《植物名实图考》、《牡丹谱》、《植物学》等，它们涉及地学、天学、中医药学、植物学等学科，这里不可能讨论所有。由于篇幅所限，将收缩博物学的语义，只涉及与植物相关的部分，并且只选择几种略作讨论。

百科辞书《尔雅》

《尔雅》是我国第一部按义类编排的综合性百科辞书。尔，同迩，近、接近的意思。雅，正的意思，指雅言、正言。学者认为《尔雅》成书时间在战国末年至西汉初年之间（胡奇光、方环海，2012：3），先有初稿，后有所修订。

《尔雅》原来有三卷二十篇，现在只存十九篇，分两大部分。第一部分为普通词语解释，包括《释诂》、《释言》和《释训》三篇，对古代的一般性词语作语文上的解释。第二部分包括《释亲》、《释宫》、《释器》、《释乐》、《释天》、《释地》、《释丘》、《释山》、《释水》、《释草》、《释木》、《释虫》、《释鱼》、《释鸟》、《释兽》和《释畜》共十六篇，主要对社会与自然百科名词进行解释。《尔雅》对天地生人、衣食住行用词均有解释，在漫长的古代，它成为读书人读懂更早的古代文献的必备工具书。在晚唐，它被政府升列为经书，其升格时间比《孟子》还早，在《十三经》中排序也排在《孟子》之前，可见其地位之特别。

《尔雅》是重要的博物学文献，这一点毫无疑问。它清晰地总结了古典文献对"生活世界"方方面面的描述，包含大量知识，是后人理解古代世界之地理、社会结构、自然知识、实用技艺的重要工具书。今人可以分别从社会、天文、地理、植物、动物诸学来重新理解《尔雅》各部分中包含的知识，甚至判别其优劣。这样做不是不可以，但也只是一种进路而已。在《尔雅》的时代，没有现在的学科分类方案，那里的分类用现在的观念理解可能显得别扭。比如《释天》中还包含祭名、讲武、旌旂；《释器》中包含衣服、食物；《释宫》中包含道路、桥梁。《尔雅》的分类反映当时而非今日的社会结构和知识体系，这是显然的。因而，科学史研究要像考古学家、人类学家一样尽可能设身处地还原当时的社会结构和生活方式，尽量避免从"收敛到当下"的单向进步编史观念来理解《尔雅》。

《尔雅》的价值主要包括如下方面：（1）为训诂学的始祖。（2）是读懂古籍的一把钥匙。（3）通过丰富的词汇完整展现了中国古代"生活世界"的图景。就博物学而言，主要关注上述的第三方面。举例来看《尔雅》的解释方式：

例一："初、哉、首、基、肇、祖、元、胎、俶、落、权舆，始也。"用一个词"始"解释了十一个词。哉，草木之始也。基，墙始筑也。俶读 chù，动作之始也。落，木叶陨坠之始也。权舆，草木始生。

例二："春猎为蒐，夏猎为苗，秋猎为狝，冬猎为狩。"不用再解释，此条告诉人们在古代一年中不同时候打猎的名称。蒐读 sōu，狝读 xiǎn。

例三："河南华，河西岳，河东岱，河北恒，河南衡。"此条以黄河、长江为参照系解释五座大山的命名。黄河以南有华山，黄河以西有岳山（吴岳），黄河以东有泰山，黄河以北有恒山，长江以南有衡山。

例四："山大而高，嵩。山小而高，岑。锐而高，峤。"

例五："果蠃之实，栝楼。"此条解释《诗经·东山》涉及的一种葫芦科植物的指称。

例六："柽，河柳。旄，泽柳。杨，蒲柳。"柽读 chēng。

例七："小枝上缭为乔。无枝为檄。木族生为灌。"现在植物学中分乔木、灌木，而《尔雅》中还分出一种"檄木"，指不分枝的树木，如棕榈科、桔梗科半边莲亚科的一些树木。

例八："狗四尺为獒。"

本草学之《神农本草经》

《神农本草经》，也称《神农本草》、《本草经》、《本经》，是我国较早的药学、博物学著作，后来的作品经常引用或者提到它。现在被认定是汉代本草官托名之作，具体作者不详。"神农"指炎帝，相传三岁知稼穑，中国古代农业的推动者、医药始祖，民间亦流传"神农尝百草"的传说。"本草"的意思是"以草为根本的药物"，引申一步为"以植物为主的各种药物"，或者泛指"可以入药的任何东西"。

《神农本草经》成书年代可能在秦汉或战国时期。实际上现代人谁也不知道原书全貌，原书早佚，最早著录于《隋书·经籍志》。现在能够读到的版本是从历代本草书中辑录的，即依据后来的文本重建了早先可能存在的文本。现在能够读到的《神农本草经》文本有多种，大致分两类："陶前本"和"陶后本"。"陶后本"指陶弘景整理的本草经文字，历代主流本草中所收录或引用的，多是这类。陶弘景（456－536）为南朝道士、医药学家。陶弘景本人整理的原始文本也已经亡佚。"陶前本"指后人根据各种文献辑复（重建）的陶弘景以前流行的《神农本草经》文本。现在人们用得最多的是"陶后本"。这里将根据尚志钧先生校注的本子进行讨论。

《神农本草经》序录提到全书药物的分类体系和药物种数，最能反映中国古代博物学的特征。虽然从现代科学的角度看有些描述根据不足，甚至荒唐，但人们关注科技史，在乎古代的作品为当下的自然科学教科书提供了多少具体知识，也在乎或者更在乎中国古人是如何思考、如何生存的，即如何处理人与自然关系，如何解决生活中遇到的各种具体问题。《神农本草经》把药物分为三品：上药、中药和下药。它们担任的角色分别是君、臣、佐使。所起的作用分别是养命、养性、治病。

"上药一百二十种为君，主养命以应天，无毒，多服久服不伤人。欲轻身益气，不老延年者，本上经。中药一百二十种为臣，主养性以应人，无毒有毒，斟酌其宜。欲遏病补虚羸者，本中经。下药一百二十五种为佐使，主治病以应地，多毒，不可久服。欲除寒热邪气，破积聚愈疾者，本下经。三品合三百六十五种，法三百六十五度，一度应一日，以成一岁。"

由此可见，长久以来中医药的最高境界不是得了病之后再医治，而是在得病之前保养好身体。医生治病是不得已的处理办法；最好的药也不是毒性、药力最大的猛药。上面一段文字反映出《神农本草经》受到儒家学说和道士服食技术的影响。三品的分类法是一种不同于《尔雅》与《周礼》的高度人为的分类体系，它统治中国传统植物分类学长达千年。对此也不必过分指责，分类体系反映了中国古人的思想风貌和生活需要。脱离本地居民的生活实际，抽象地谈论分类体系的好坏，是一种过时的编史理念和态度。

为何是365种？多少有为了一年365天而拼凑的用意。有的条目一条同时包含多种，如"青石、赤石、黄石、白石、黑石脂等"，一一算来就将不是365种了。陶弘景当年就说他所见的本子就有三种，载药数分别是595种，441种和319种。《抱朴子》、《博物志》《太平御览》当时谈到《神农本草经》时，并无365种法一年365度的叙述。直到宋代《证类本草》才有365定数的表达。

序录中接着讲了中医药中的许多"常识"。实际上，正好是因为《神农本草经》在历史上真实地发生了巨大影响，后人才认为它们是常识：

"药有君臣佐使，以相宣摄。""药有阴阳配合。""药有酸咸甘苦辛五味，又有寒热温凉四气，及有毒、无毒。""凡欲治病，必察其源，先候病机。五脏未虚，六腑未竭，血脉未乱，精神未散，食药必活。若病已成，可得半愈。病热已过，命将难全。"

按三品分类的药物包括植物（如远志、人参、杜仲、五味子、附子、半夏、钩吻）、动物（如熊脂、蜂子、犀角、牡狗阴茎、蜈蚣）和矿物（如水银、空青、雌黄、石膏、白垩），其中以植物为主，但上中下三品都各自包含这三类。统计植物种类，上品中含107种植物，中品含72种植物，下品含76种植物，合计255种，因此植物药占了绝大多数。这两百多种植物，如今仍然是中药中的常见药用植物。这可以说明两点：第一，中药学的发展有着相当的稳定性、继承性；第二，本草学的基础奠定较早，在两千多年前就已经基本成形，后来只是在此基础上增加细节，进行若干修正。

看几个实例，领略一下《神农本草经》的具体写法：

下品（有的版本将其列于中品）中的黄芩（*Scutellaria baicalensis*），唇形科植物，如今在医疗保健上仍在广泛使用。"黄芩：味苦，平。主治诸热，黄疸，肠澼泄痢，逐水，下血闭，恶疮疽蚀，火疡。一名腐肠。生自秭归川古。"条目中列出了黄芩的性味、主治、别名和产地。

又如，"续断，味苦，微温。主伤寒，补不足。金疮痈，伤折跌，续筋骨，妇人乳难。久服益气力。一名龙豆，一名属折。"这是讲川续断科的川续断（Dipsacus asper），其主要用途是治金属创伤，接筋骨，植物名也源于此。属折中的属，读"主"音，"连接"的意思。此药分在上品中。

书中对茄科的天仙子（Hyoscyamus niger）致幻作用的描写在现在看来是准确的，但关于另外一些作用的叙述可能是靠不住的："莨菪子，味苦，寒。主齿痛出虫，肉痹拘急。使人健行，见鬼，多食令人狂走。久服轻身，走及奔马。强志，益力，通神。一名横唐。"此药分在下品，讲的是多服后，使人能看见鬼怪、发狂、奔跑。还能使人增加记忆力，增添气力？这些神奇功效被《本草纲目》第17卷照单收入："久服轻身，使人健行，走及奔马，强志益力，通神见鬼。"《本草纲目》列出长长的"附方"，其中包括"卒发颠狂"、"水泻日久"、"肠风下血"、"脱肛不收"、"风牙虫牙"、"乳痈坚硬"、"狂犬咬人"、"箭头不出"等（李时珍，2012：1140－1144）。

限于历史条件，《神农本草经》中有些描述是不准确的，不断被引用、代代相传也产生不利的影响，但是从思想史和文化史的角度看，它的成书是中医药理论体系确立的四大标志之一，人们更应当看到它非常成功的方面。作为博物学史、科技史中的经典，《神农本草经》都是当之无愧的。张登本先生曾从12个方面叙述《神农本草经》的价值，比如所载药物资料真实可靠，开创药物分类先河，记载了药物疗效、产地、加工等信息，规定了药物的剂型，强调辩证施药，五味四气划分，药物配伍的七情合和等（张登本主编，2009:17-30）。

区域植物学之《南方草木状》

《南方草木状》是一部较纯粹的植物学著作。传说的作者为晋代的嵇含。嵇含，字君道，自号亳丘子，谯郡人。有人说是安徽人，有人说是河南人。一般认为是河南巩义市的鲁庄镇鲁庄村人（何频，2012：28－32）。嵇含当过太守。有人在广东省出版集团2009年出版华南农业大学藏本（1592年刻本）的"影印说明"中讲，《南方草木状》作者为晋代"竹林七贤"之一嵇含。实际上，魏晋时期七位名士指嵇康、阮籍、山涛、向秀、刘伶、王戎及阮咸，其中并无嵇含。七贤排在最前面的嵇康（224－263）是嵇含（262—306）的叔祖父，嵇含的爷爷嵇喜是嵇康的哥哥。嵇含的父亲嵇蕃早逝，他由叔父嵇绍（嵇康之子）养大。

关于成书时间，有不同说法，其中一个版本前明确写着："永兴元年十一月丙子，振威将军、襄阳太守嵇含撰"。永兴元年即公元304年。但是，据《晋书·惠帝本纪》永兴元年并无十一月！有人认为转抄中可能有误，"十一月"可能是"十二月"。嵇含44岁被杀，他是否到过广州也有争议。有研究指出，现存之《南方草木状》为宋人辑佚之作（靳士英等，2011）。1983年在广州曾召开《南方草木状》

国际学术讨论会，论文集1990年由中国农业出版社出版。学界对《南方草木状》作者及成书年代进行了交流，意见并不统一。几十年过去了，学界经过思考，仍然倾向于《南方草木状》成书较早、作者为嵇含的早先观点。以嵇含没有到过广州因而无法写出此书来立论，已难服人。

《南方草木状》全书共三卷，讲述了岭南植物，分草、木、果、竹四类。前人评论说："内容赅备，文字简洁，向称典雅。"

其中卷上草类29种，卷中木类28种，卷下包括果类17种和竹类6种，共计80种。察看图书的内容可知，书中描述的植物不限于80种，正文在讲述这80种时还借用了当时人们熟知的其他一些植物。比如讲甘蕉时，就借用了人们熟悉的芙蓉、芋魁（即芋的地下块茎）、蒲萄（即葡萄）、藕等来形容其形状、味道等；在讲千岁子时，提到了肉豆蔻（明代的《本草纲目》中提到此植物，并说其外国名是迦拘勒。宋代寇宗奭的《本草衍义》也讲到此植物，李时珍引过）；讲冶葛时提到罗勒；讲枫香时提到白杨；讲朱槿时提到蜀葵；讲指甲花时提到榆。用已知来描写未知，比较异同，这在植物学史中是极常见的方法。

书中讲的第二种植物叫"耶悉茗"，从名字上看是外来植物。"耶悉茗花、末利花皆胡人自西国移植于南海，南人怜其芳香，竞植之。陆贾《南越行纪》曰：南越之境，五谷无味，百花不香，此二花特芳香者，缘自别国移至，不随水土而变，与夫橘北为枳异矣，彼之女子以彩丝穿花心，以为首饰。"这一条清晰记录了植物跨国交流的事实，耶悉茗就是木犀科的素馨（*Jasminum grandiflorum*），也有认为是素方花（*J. officinale*)的。根据这一信息，植物学史家能够初步判断（不是必然）它是外来种。此段文字也交待了素馨的一个用途：把花用细绳串起来，做成花环当首饰用。如今热带地区仍然有此风俗，如夏威夷广泛使用的lei(花环)。再举几例：

睡菜科睡菜（*Menyanthes trifoliata*）："绰菜，夏生于池沼间。叶类茨菰，根如藕条。南海人食之，云令人思睡，呼为瞑菜。"现在出版的各种植物志对睡菜的描写与此并无差别，甚至还没它形象生动。

对旋花科空心菜即蕹菜（*Ipomoea aquatica*）的描写："蕹，叶如落葵而小。性冷味甘，南人编苇为筏，作小孔浮于水上。种子于水中，则如萍根浮水面。及长，茎叶皆出于筏孔中，随水上下。南方之奇蔬也。冶葛有大毒，以蕹汁滴其苗，当时萎死。世传魏武能啖冶葛至一尺，云先食此菜。"这一段相当于描述了"浮床栽培"或无土栽培中的水培蔬菜操作方法，"筏"起固着的作用，相当于现在用的某种浮板定植器。"冶葛"指马钱科的断肠草（*Gelsemium elegans*），空心菜对其有解毒作用。书中还提到，冶葛虽然对人有剧毒，但毒药也是相对的，"山羊食其苗即肥而大"，老鼠吃巴豆也没问题，"盖物类有相伏也"。现在我们知道，巧克力对人是一种美食，对狗来说却是毒药。

对锦葵科朱槿（*Hibiscus rosa-sinensis*）的描述更是相当准确，名字也完全延用下来："朱槿花，茎叶皆如桑，叶光而厚，树高止四五尺，而枝叶婆娑。自二月开花，至中冬即歇。其花深红色，五出，大如蜀葵，有蕊一条，长于花叶，上缀金屑，日光所烁，疑为焰生。一丛之上，日开数百朵，朝开暮落。插枝即活。出高凉郡。一名赤槿，一名日及。"其中"长于花叶，上缀金屑"，极好地描写了单体雄蕊的结构。用同科植物蜀葵来逼近朱槿，也是很合理的描述手法。

书中对桑科榕属（*Ficus*）植物气生根着地以至于"独木成林"的描写也非常具体："软条如藤，垂下渐渐及地，藤稍入地，便生根节或一大株。有根四五处，而横枝及邻树，即连理。"

书中描述的绝大部分植物均能与现在的植物对应起来，但也有一些疑问。比如其中的"千岁子"到底指何种植物？"千岁子，有藤蔓出土，子在根下，须绿色，交加如织。其子一苞恒二百余颗，皮壳青黄色，壳中有肉如栗，味亦如之。干者壳肉相离，撼之有声，似肉豆蔻。出交趾。"从这段描写看，它几乎确定无疑是指豆科的落花生（*Arachis bypogaea*），即现在常见的花生。

古代地理书《三辅黄图》中提到汉代从南方引进的许多植物，也出现在《南方草木状》中，其中包括千岁子："扶荔宫，在上林苑中。汉武帝元鼎六年，破南越起扶荔宫，以植所得奇草异木：菖蒲百本；山姜十本；甘蔗十二本；留求子十本；桂百本；蜜香、指甲花百本；龙眼、荔枝、槟榔、橄榄、千岁子、甘橘皆百余本。上木，南北异宜，岁时多枯瘁。荔枝自交趾移植百株于庭，无一生者，连年犹移植不息"。这说明两书有一定的相关性，谁先谁后需另外研究。《三辅黄图》的作者、成书年代也未研究清楚。相传为六朝人所著，始著录于《隋书·经籍志》，西北大学陈直认为现代流行的版本应当是中唐以后的人所作。

清代的《花镜》录用了《南方草木状》关于千岁子的说法，稍有改动，比如加了"极能解酒消暑"。

但是花生公认来自美洲，而那时中国如何与美洲发生了关系？有如下几种逻辑可能性：(1)中国本土早就出产花生。(2)美洲的花生早就传到了亚洲南部。(3)千岁子不是花生。(4)《南方草木状》中的千岁子不是今日的花生。(5)《南方草木状》成书时间实际上较晚（宋代才有著录，也有人认为是伪书）。其中前两者并不必然矛盾，关键是时间有多久。20世纪60年代考古工作者在江西新石器时代地层中发现过花生化石。这些材料都很令人思索，证明或证伪上述五种可能，都是有趣的。

"鹤草"指什么，也没有定论。与今日石竹科的鹤草（*Silene fortune*）无关，可能指豆科的常春油麻藤（*Mucuna sempervirens*）、翡翠葛或者金丝雀藤（*Crotalaria agatiflora*），也可能指某种兰科植物。此段记述与《岭表录异》关于"鹤子草"的描述基本一致。

《南方草木状》：“鹤草，蔓生，其花曲尘色，浅紫蒂，叶如柳而短。当夏开花，形如飞鹤，嘴翅尾足，无所不备。出南海，云是媚草。上有虫，老蜕为蝶，赤黄色。女子藏之，谓之媚蝶，能致其夫怜爱。”

《岭表录异》：“鹤子草，蔓生也。其花曲尘色，浅紫蒂。叶如柳而短。当夏开花，又呼为绿花绿叶，南人云是媚草。采之曝干，以代面靥。形如飞鹤，翅尾嘴足，无所不具。此草蔓至春生双虫，只食其叶。越女收于妆奁中，养之如蚕。摘其草饲之。虫老不食，而蜕为蝶，赤黄色。妇女收而带之，谓之媚蝶。”

对比看，《岭表录异》写得更具体，信息量更大。《岭表录异》相传为唐刘恂所撰。

除了各条目对植物形态、来源、用途的描述外，《南方草木状》展现的整体面貌令人刮目相看，在植物分类方式上它真正突破了本草学的限制，全书在文字表述上简明、自然、超脱，并非为了实用而实用。在分类上，草、木、果、竹的分法与以前的“三品”分法完全不同，更接近于“自然分类”体系，更有现代植物志的气质。但它同时又强调地方性、实用性和地区对比。

陈德懋所著的《中国植物分类学史》称此书为“中国最早的植物学专著”。此书在中国历史上关于植物的诸多讨论中，多少属于异类，影响也不够大。有人说它被“淹没于本草学的汪洋大海之中”。

也有人从民族植物学的角度阐发《南方草木状》的意义（陈重明、陈迎晖，2011）。在讲述"柑"时，书中生动叙述了柑蚁生物防治的一个经典案例："交趾人以席囊贮蚁鬻于市者，其窠如薄絮囊，皆连枝叶，蚁在其中，并窠而卖。蚁赤黄色，大于常蚁。南方柑树若无此蚁，则其实皆为群蠹所伤，无复一完者矣。"

用蚂蚁来控制果树病害，并且此方法已经商品化，这是件非常了不起的事情。用现在的眼光来看，它既省钱又环保，是生态农业的典范。这可能是世界上最早提及生物防治的文献。即使《南方草木状》成书年代可能较晚，同类生物技术在中国古代很早时期之存在性也是不可动摇的，因为还有类似的许多文献记录，从唐代一直到清代从未间断过。

唐代段成式在《酉阳杂俎》中说："岭南有蚁，大于秦中马蚁。结窠于柑树。柑实时常循其上，故柑皮薄而滑，往往柑实在其窠中。冬深取之，味数倍于常者。"大意是：在岭南有比陕西蚂蚁大的蚂蚁，这些大个头的蚂蚁在橘树上建巢，并且在成长中的果实表面爬动，这令长成的果实皮薄且光滑。有时，果实就长在蚁巢中，在冬天采下这样的果实，品尝起来味道比一般的橘子好得多。

刘恂的《岭表录异》中也说："岭南蚁类极多。有席袋贮蚁子窠鬻于市者。蚁窠如薄絮囊。皆连常枝叶。蚁在其中，和窠而卖也。有黄色大于常蚁而脚长者。云南中柑子树无蚁者实多蛀。故人竞买之以养柑子也。"这一记录再次与《南方草木状》中的极为相似。

公元10世纪末的《太平寰宇记》更进一步，提到了两种蚂蚁："苍梧土谚曰：郡中柑桔多被黑蚁所食。人家买黄蚁投树上。因相斗。黑蚁死。柑桔遂成。"在广西梧州，人们用黄蚂蚁来控制黑蚂蚁。

公元12世纪的《鸡肋篇》中描写，人们用动物脂肪收集养柑蚁："广州可耕之地少。民多种柑橘以图利。尝患小虫损食其实。惟树多蚁则虫不能生。故园户之家买蚁于人。遂有收蚁而贩者。用猪羊脬盛脂其中，张口置蚁穴旁，俟蚁入中则持之而去，谓之养柑蚁。"

公元14世纪的《种树书》，明末时期的《岭南杂记》，17世纪方以智的《物理小识》，清初的《花镜》和稍后的《广东新语》，18世纪末的《南越笔记》中都有相关记录。综合起来看，中国古代的蚂蚁防治技术已经有上千年持续应用的历史（李约瑟，2006：444 – 455）。西方人麦库克（H.C.McCook）于1882年首次报道了广州用蚂蚁防治昆虫危害的技术，但并未受到昆虫学家和园艺学家的重视。直到20世纪西方科学家才关注到橘蚁防治的事情，一开始还不大相信有效果。

当然，并非只有中国古人发现了这类聪明的生物防治方法，其他地区的居民也积累了类似的、适合自己社区的博物学智慧。它们都是极为具体的、经过充分检验的、具有地方性特点的实用技艺，甚至比如今教科书上标准化了的普遍科学知识更重要，更值得科技史工作者挖掘、整理。美国人类学家斯科特（James C. Scott, 1936– ）在《国家的视角》中热情洋溢地描写了马来西亚一个农村用黑蚂蚁控制红蚂蚁进而保护杧果的生物控制案例。他说："很难想象如果没有一生的观察，和保持数代相对稳定的社区，从而能够有规律地交换和保存这类知识，这些知识怎么能够被创造和保留。讲这个故事的目的之一是提醒我们注意产生类似的实践知识所必需的社会条件。这些社会条件至少需要有兴趣的社区、积累的信息和持续的实验。"（斯科特，2011：430）这类博物学生存智慧的产生是与农业文明相匹配的，它与后来基于实验室的还原论科学技术在思维方式上完全不同，标准不同，旨趣不同，所服务的对象也不同。

综合性农书之《齐民要术》

北魏贾思勰所著《齐民要术》是世界上第一部被完整保存下来的综合性农书。"齐民"指平民百姓，"要术"指谋生的重要方法、手段。书名合起来意思是，平民百姓生产生活的基本方法。作者贾思勰是"后魏高阳太守"，此"高阳"被认为是指山东而非河北的高阳郡，按现在的地理，他的家乡在山东寿光南。学者认为，成书年代大约在公元6世纪。北宋天圣年间才有刻本行世，现存的唯一孤本在日本，而且严重残缺。明代刻本印量较大，但质量不高。到清代乾嘉年间，校勘较好的本子才传播开来（缪启愉、缪桂龙，2009：2–4）

《齐民要术》全书约11.5万字，共10卷92篇，讨论的主要是北方旱作农业的技术和生产管理。"自序"中说明此书的资料来源有四个方面："采捃经传，爰及歌谣，询之老成，验之行事。"翻译成现代汉语，这四个方面分别指：①从历代文献中摘引与农业生产相关的文本，通过他的引用，西汉时的著名农业著作《氾胜之书》和《四民月令》也得以间接流传下来；②到民间采搜农业谚语，作者广泛收集农谚，似乎具有如今民俗学家、社会学家、人类学家的胸怀，农谚是传统智慧的结晶，其间包含高度概括并久经考验的科学技术知识；③向工作在一线的农民和行家求访经验；④深入生产过程，亲自验证。现代人做学问，如能考虑到这四个方面，也相当不错了。

　　贾思勰坚信"国以民为本，民以食为天"，但他考虑的农业是广义的，包括农、林、牧、渔、副，从耕地、植物种植、动物饲养到农产品加工，以及自产自销式的"货殖"，都包括在内。不过，不包括倒买倒卖。贾思勰说："舍本逐末，贤哲所非，日富岁贫，饥寒之渐，故商贾之事，阙而不录。"他有意区分"货殖"与"商贾"，反映出其重农抑商的用意。《齐民要术》实际上讲的是以土地为基础的"多种经营"，全书全面体现了农业文明的农本思想。其中农产品加工就包括酿造酒、醋、酱、豆豉，制饴糖，做饼饵和荤素菜肴，制作文化用品等多项。

《齐民要术》提到使用绿肥的技术，称之为"美田"之法：在每年的五六月间，把绿豆、小豆、芝麻密集种植在地里，七八月的时候用耕犁把它们翻埋在土里。待到来年春播时，这些被掩埋的植物就变成了肥料，可以使土地多收粮食，"其美与蚕矢熟粪同"（缪启愉、缪桂龙，2009：33）。

《齐民要术》对马的描写相当仔细，各个方面无一遗漏，不厌其详。相马整体性的要求是：马头是王，要求方；眼是丞相，要求有光；背椎和腰椎是将军，要求强有力；胸腹部是城郭，要求宽广；四肢是地方官，要求修长。

相马时要把"三羸""五驽"这些劣马淘汰掉，再相其余的马。关于马的内脏的相法是：马耳要小，耳小肝就小，肝小则通意。马鼻子要大，鼻子大肺就大，肺大就善于奔跑。马眼要大，眼大心就大，心大就勇猛、不惊、健走，等等。相马要从头部开始。"头欲得高峻，如削成。头欲重，宜肉少，如剥兔头。""马眼欲得高，眶欲得端正，骨欲得成三角，睛欲得如悬铃，紫艳光。""马耳欲得相近而前竖，小而厚。""鼻孔欲得大。""口中色欲得红白如火光，为善材，多气，良且寿。"

马中热，治疗方法为：煮大豆，和上热的饭喂马，喂三次就好了。马长疥癣，用雄黄和头发来治：把这两样放入腊月的猪油中煎熬，待头发化掉即好，待用。用砖刮去疮痂脓污，使患部现出红色，趁热把刚熬好的药汁涂上，这样马病就会好。治马中水的方子是：拿两把食盐，塞入马的两鼻孔中，捏住马鼻，等马眼中流出泪来，再放手，马就好了。治马大小便不通：用油脂涂到手上，探到马的直肠里，把结住的马粪抠出来。用盐塞进马的尿道里，过一会马就能撒出尿来。马患这种病，痛苦不堪，一天之内就会死掉，必须立即治疗。

《齐民要术》还分别描写了一岁到三十二岁的马的牙齿都是什么样子，这对于用户购马是相当重要的信息。书中也用相当篇幅讲如何饲养马，如何给马治病。关于马驴杂交，书中说：通常情况下，让公驴配母马，生赢（相当于现在的"骡"）。若让公马配母驴，生駃（相当于现在的"驴骡"），身体壮大，比马还强。但必须选择七八岁骨盆正大的的母驴，与公马交配。母驴骨盆宽大，容易受胎；公马高大，后代强壮。草骡没有生殖能力，就是生产了也活不了多久（缪启愉、缪桂龙，2009：394－425）。

关于制作豆豉，《齐民要术》做了详细描写，操作的各环节都描写得很清楚。比如关于制作的场所：要准备密闭温暖的房间，在地上掘二三尺深的坑。房屋必须是草盖的，瓦屋不好。用泥封住窗户，不让风、虫和老鼠进入。开个小门，只容一人进出。用厚厚的秸秆编成的帘子密闭小门。关于制作时间：最好在四五月，七月二十日以后到八月是中等时令。其他时间也可以做，但冬天太冷，夏天太热，做豆豉的温度很难控制。温度要调节至人的腋窝温度为最佳，如果不能调控到这个温度，宁可冷点，不要过热。关于原料和加工过程：用陈豆子更好。新豆还带湿，难以煮得均匀。把豆子簸干净，放在大锅里煮，煮到豆子张开、手掐变软时就行了。如果太熟，酿成的豆豉就会太软。把煮好的豆子放在洁净的地上，摊开，翻动以散去热气。温度不要太低也不要太高，然后把豆子移到准备好的草屋中堆成尖堆。每天进去两次，用手试探豆堆的温度，勿使之超过人腋窝的温度。如果超过了，就需要用工具翻转豆子，使里外颠倒，然后仍然把豆子堆成尖堆。如此照管多日，等到豆子长出白色菌衣和黄色菌衣，再经过一系列复杂操作，洗豆、捞豆、用席子卷豆等，放置十多天，豆豉最后才能成熟。酿制豆豉，掌控温度最为关键，"冷暖宜适，难于调酒"，也就是说比酿酒还难把握（缪启愉、缪桂龙，2009：583–589）。

关于"鱼莼羹"的制作，《齐民要术》的记述摘引如下：四月莼从宿根中长出新茎，但叶还未长出，这时称它"雉尾莼"，这时做汤菜最为肥美。叶子张开后长足了，称"丝莼"。五六月时采丝莼。七月到十月，就不好吃了，因为上面寄生了一种虫子。虫子很小，粘在叶上不容易分辨，吃了会得病。不过，到了十月，水会冻死虫子，莼又可以吃了。鱼和莼菜都要冷水下锅，盐要少加（缪启愉、缪桂龙，2009：618）。

中国古代博物学著作经常会不经意地用到地方性知识、物候学知识，《齐民要术》在谈种兰香时先讲名字的由来，接着讲何时下种：兰香就是罗勒。为了避"石勒"的名讳，就改名兰香，后来人们就叫开了。三月中，看到枣树开始长出新芽时，就可以种兰香了。种早了，苗长不出来，白白浪费了种子（缪启愉、缪桂龙，2009：213－215）。在某个地方播种一种植物，却要看另一种植物的状态，这合理吗？回答是，非常合理。枣树在户外是自然生长的，它的状态反映了实际气温的变化情况。每一年中，枣树开始长出嫩叶的日期可能是不同的。如果规定一定要在某日播种，就有可能违背了当地的自然条件。

　　《齐民要术》也提到一些小技巧，比如用猪帮助拱地：在桑田，每年绕着树根，离开一步远撒下芜菁子。芜菁收获之后，把猪放到桑树地里，让它吃残根剩茎。这样，地就被猪拱得松软了，比特意耕地还好（缪启愉、缪桂龙，2009：323）。

　　从这些举例可以看出，《齐民要术》是非常实用的农书。它在强调天时、地利、人力要素组合的前提下，详细总结了公元6世纪北方精耕细作农业的各种经验，它所依据的要顺应大自然节律的农业思想在当时是先进的，对现代人也有启示意义。《齐民要术》诞生后一千多年，中国北方农业生产技术，基本上没有超出此书的范围和方向。

　　在《齐民要术》之后中国古代最重要的农书是《王桢农书》和

《农政全书》。前者兼论南北，在农田水利和农器图谱方面有特殊贡献。后者为明末徐光启所撰的中国历史上最大的一部农书，内容包括农本（经典与前人各种杂论）、田制、农事、水利、农器、树艺（谷蔬和果树）、蚕桑、蚕桑广、经济作物种植、牧养、制造（食品加工和房屋建造等）、荒政（准荒）共十二个方面。《农政全书》已经远远超出农业生产技术的范畴，所述内容也涉及经济政策和政治安定。

野菜之书《救荒本草》

民以食为天，由于种种原因，当百姓的粮食不够吃的时候怎么办？图文并茂的《救荒本草》就是解决这个问题的，它在古代属于"荒政"的范畴，利用这部书，可以采集、加工野生植物的各部分以保命，进而维护社会安定。书名带"本草"两字，但它不同于以前各种本草书，它不是给人治病的，而是让人果腹的，用意在"食"而不在"药"。

《救荒本草》作者是朱橚（1361－1425），成书于永乐四年，即公元1406年。李时珍、徐光启等人都搞错了，以为是朱橚的二儿子宪王朱有燉写的。朱橚是明太祖朱元璋的第五子。先被封为吴王，皇帝觉得不妥当，马上改封为周王，朱橚去世后谥号为定，故一般称朱橚为周定王。明成祖朱棣是朱橚的同母哥哥。

朱橚身为皇子，一生却并不顺利，曾两次被贬为庶人，被迫迁徙云南，但大部分时间生活在河南。那时候的官员与现在的官员不同，不允许随便到其他地方考察、观光、学习。朱橚私自离开开封到凤阳看望重病的老丈人冯胜而被认为犯了大忌，被明太祖赶到云南。第二次"犯错误"被建文帝赶到云南是因儿子告密，说朱橚有僭越、谋反的嫌疑，几年后被调到首都应天看管。等朱棣上台后，朱橚才被平反，再次回到开封。

《救荒本草》全书收录可食植物414种，在旧本草著作中可找到138种，新增加276种。今存最早者为1525年山西太原重刻本。

《救荒本草》用图精准，原书以图为主，文字描述为辅，但如今能见到的大部分印刷版则刚好相反，这有违原书的宗旨。正因为原书插图幅面大而且绘制精细，与文字相配合，全书的多数植物能够鉴定到"属"的层面，有些能鉴定到"种"。

《救荒本草》作者没有随便外出考察植物的自由，朱橚请人把乡野植物栽种到一个花园中，在园中观察。公元1406年的《救荒本草》序中说："于是购田夫野老，得甲坼勾萌者四百余种，植于一圃，躬自阅视，俟其滋长成熟，乃召画工绘之为图，仍疏其花实根干皮叶之可食者，汇次为书一帙，名曰救荒本草。"其中"甲坼勾萌"指种子种下后萌发，从种壳中长出新芽，此处泛指植物幼芽初生。建立微型植物园，引种并研究野生植物，开辟了一个新的研究方法，以后多有效仿。

《救荒本草》的分类在大的层面分五部：草部245种、木部80种、米谷部20种、果部23种、菜部46种。除此之外，围绕可食这一目的，又分出叶可食、实可食、叶及实皆可食、根可食、根叶可食、花可食、叶皮及实可食、茎可食、笋可食等小类。具体到每一种植物，包括的内容有：(1)植物名。(2)植物图片。(3)对此植物的描述，文字相对较多，一般30字到60字，个别可达130字以上。(4)"救饥"项。阐述野菜加工方法及味道、效应。用字不多，如谈野山药时，救饥一项只有简明的几个字："采根，煮熟食之"。(5)"治病"项。此项并非都有，以前的本草著作中有记载者，此处会注明。新增者没有此项。以"刺蓟菜"为例具体看一下此书的写法：

[刺蓟菜] 本草名小蓟，俗名青刺蓟，北人呼为千针草。出冀州，生平泽中，今处处有之。苗高尺余，叶似苦苣叶，茎叶俱有刺，而叶不皱。叶中心出花头，如红蓝花而青紫色。性凉，无毒。一云味甘，性温。[救饥] 采嫩苗叶煠熟，水浸淘净，油盐调食，甚美。除风热。[治病] 文具本草草部大小蓟条下。(王家葵等，2007：21-22)

应当说，《救荒本草》文字相当简洁。描述部分信息丰富，通俗易懂。"救饥"中谈到野菜加工"煠"，读"炸"音，意同"焯"（音超），指把食物放入热水或油中烫熟。"煠熟"在《救荒本草》经常用到。综合描述和图片，可初步判断为《中国植物志》上说的刺菜儿（*Cirsium segetum*），即《中国高等植物图鉴》上说的刺儿菜

（*Cephalanoplos segetum*）。在北方，如今人们仍然普遍食用此植物的嫩茎叶。

书中提到的刺蓟菜、萱草花、灰菜、葛根、百合、歪头菜、碱蓬、费菜、风花菜、毛连菜、椿树芽、椒树、拐枣、枸杞、苍术、鸡头实（芡实）、野山药等，如今也经常食用。

书中也有一些问题，如马兜零（今作马兜铃）被认为无毒可食，而现在研究表明此植物对肾脏有损害，作为食物吃是不合适的。白屈菜也如此。当然，按《救荒本草》的加工办法"采叶煠熟，用水浸去苦，淘净，油盐调食"，叶中所含的毒素已经大部分去除了。其中，煠和水洗的环节非常重要，对于一些菌类也如此。

《救荒本草》的价值体现在多个方面：(1)亲自观察，描写简明准确，实证性较强。此书受到贝勒（Emil Vasilievitch Bretschneider）、伊博恩(Bernard Emms Read)、利德（Howard Sprague Reed）、李约瑟等学者的高度评价。(2)注重实用，图文密切结合，在科学传播方面有突破。(3)它是重要的经济植物学著作，在国内外有广泛影响。本书内容曾被《本草纲目》、《野菜博录》、《农政全书》、《植物名实图考》等引用或节录。《救荒本草》成书300多年后的1716年，日本人首次翻刻，加速了日本本草学的博物学化。日本的著名植物书《本草图谱》和《植学启源》均受此书影响。

纯粹植物学之《植物名实图考》

　　清代吴其濬（1789－1847）撰写的《植物名实图考》是中国古代最纯粹的植物学专著，与以前大量本草学著作相比，其突出特点是以描述植物本身为主要任务，弱化人类对植物的使用。用原序的评语讲，"此《植物名实图考》所由包孕万有，独出冠时，为本草特开生面也。"（张瑞贤等，2008：1）

　　吴其濬字季深，别号古兰，自号雩娄农。注意，吴其濬的"濬"字不能简写为"浚"（故白寿彝主编的《中国通史》写为"吴其浚"，是错误的），吴其濬有个堂兄名字就叫吴其浚（字淇瞻）。河南固始县城关人，远祖为江西南昌人。吴其濬出生于书香人家，"吴门十进士"。雩，读"余"音。雩娄，地名，在今固始县黎集镇附近。"雩娄农"意思是"固始农夫"，是"谦恭之词"。

　　吴其濬被认为"具希世才"，1817年中一甲一名进士，一生为官，"宦迹半天下"。30岁时到广东为官，不久奔父丧回河南，在家守孝七年。这期间造花园"东墅"，栽种植物，读书著述。后来到湖北、江西、湖南、云南、福建、山西任职，广泛采集植物。从1838年到1846年主要从事《植物名实图考》的写作。《植物名实图考》是在《植物名实图考长编》的基础上编订的。吴其濬与朱橚相比，一个重要优势是合法游历了大江南北，见多识广。

　　吴其濬曾与道光皇帝讨论过植物名称问题。皇帝问"王瓜"的指称，吴其濬将听说的与文献记载的一一告知。皇帝又问王瓜一名的缘起，吴其濬将始于前汉以及后来改名的原委讲清楚。君臣有闲情交流植物信息，也不失为一段佳话。现在的官员不大可能对植物的名字有兴趣。

《植物名实图考》共38卷，著录植物1714种，共分12类：谷类、蔬类、山草（注：唯独此类没有写作某某类）、隰草类、石草类、水草类、蔓草类、芳草类、毒草类、群芳类、果类、木类。全书附插图千余幅，绘制精美，十分有助于识别植物。

吴其濬生前并没有看到自己编写的这部大书，《植物名实图考》在其去世后第二年由山西巡抚陆应谷校刊印行。1880年山西濬文书局利用初刻本原版重印。1915年云南图书馆据日本明治初刻本石印，书首有云龙的序言。1919年商务印书馆铅印，1957年重印。

《尔雅》把旋覆花解释为"盗庚"。吴其濬在讨论菊科的旋覆花（Inula japonica）时说：盗庚，"未秋而有黄华，为盗金气"。接着引《列子》的话发了长篇议论。"人之于天地四时孰非盗，而况于小草？虽然造物者，亦何尝不时露其所藏，以待人之善盗哉？……而造物乃或慨而使之盗，或吝而拒之盗。其或使或拒者，非造物之有异于盗，而盗者之不能窥造物也。善为盗者，智察于未然，明烛于无形。商之善盗也，人弃而我取。农之善盗也，修防而潴水。工之善盗也，入山而度木。士之善盗也，谋道而获禄。方其盗也，无知其为盗也；知其为盗，则不足以言盗。"（张瑞贤等，2008：214–215）好一个"盗论"。在他这里，"盗"的概念被扩大或者转义。实际上，在旋覆花这一条中，吴其濬除了从文献上将其定位于《神农本草经》和《尔雅》外，没有做任何描述。不过，书中给出的旋覆花插图是一流的，特别是叶和花画得非常像，据此在野外很容易判断是哪种植物。菊科植物甚多，相似种类很难辨别，但《植物名实图考》中介绍旋覆花，却没有出现令读者分辨不清的情况，图片起了决定性作用。

上例中吴其濬在文字上不下工夫而借助于插图，并非他不擅长描述，看看作者对蔷薇科龙芽草（*Agrimonia pilosa*）的记述就知道他对植物的观察是如何仔细以及描写是如何精确了："苗高尺余，茎多涩毛。叶如地棠叶而宽大，叶头齐团，每五叶或七叶作一小茎排生。叶茎脚上又有小芽叶，两两对生。梢间出穗，开五瓣小圆黄花，结青毛菁葖，有子大如黍粒。味甜。收子或捣或磨，作面食之。"（张瑞贤等，2008：232）其中对茎毛、羽状复叶、托叶、总状花序顶出、花黄色五个圆瓣、果、菁葖形状等描述，均与现代植物志中的描写相合。对托叶的刻画"叶茎脚上又有小芽叶，两两对生"，非常形象而且准确。

再看一例，吴其濬对马鞭草科臭牡丹（*Clerodendrum bungei*）的描写："江西、湖南田野废圃皆有之。一名臭枫根，一名大红袍。高可三四尺，圆叶有尖，如紫荆叶而薄，又似油桐叶而小，梢端叶颇红。

就梢叶内开五瓣淡紫花成攒，颇似绣球而须长如聚针。南安人取其根，煎洗脚肿。其气近臭，京师呼为臭八宝。或伪为洋绣球售之。湖南俚医云煮乌鸡同食，去头昏。亦治毒疮，消肿止痛。"（张瑞贤等，2008：296）此条目中，突出了叶形、花瓣的数目、雄蕊（须）的长度、花序的形状、植株的气味，应当说写得很准确。所附插图也精美，叶对生、心形，花序顶生、半球状，雄蕊如长针等，绘制均十分准确。

《植物名实图考》所附插图并非个个都好。如贝母（128页）、紫花地丁（280页）、楛藤子（356页）、白敛（400页）、大黄（433页），均不令人满意。

《植物名实图考》的特点为：(1)实证性强，描述准确。作者足迹遍及大半个中国，见识的植物颇多。这一点非常关键，博物类知识很难从原理上推导出来，个人经验更显重要。(2)更多地引用了地方志材料，这也使得所述内容更为具体、可核验。《植物名实图考》重视历史文献，但更重视当下的经验材料，这与近代科学兴起的总思路是一致的。(3)突出第一人称的记述和议论，书中经常出现"雩娄农曰"，甚至穿插了许多自己的回忆。现代科学论著很少使用第一人称，据说回避第一人称会令文本看起来更客观！的确，只是看起来如此。科学是人做出来的，是特定人群或个体做出来的，作者要对内容负责任，因而以第几人称来书写只是习惯问题，故意不用第一人称写作反而让人觉得要隐匿什么似的。吴其濬的议论有些可取，有些则是掉书袋，文辞古奥、用典太多，状元老爷的架式时有显现。有些议论借题发挥，扯得太远。不过，这也正好保存了作者的思想面貌，让读者更清楚地知道吴其濬是怎样一个人，缺点也是优点！也许正好因为书中有这样一些"不大相干"的内容，这部名著读起来才不枯燥，让人觉得有味道。吴其濬是植物学家，更是传统文人。文人的气质不应当受到质疑。当下人们不正试图将科学与人文结合么？

与西方近代科学接轨的《植物学》

李善兰等人依据英国植物学家林德利（John Lindley，1799–1865）1841年左右出版的著作《结构、生理、系统、药用植物学要义：植物学第一原理纲要第四版》（*Elements of Botany; Structural, Physiological, Systematical, and Medical; Being a Fourth Edition of the Outline of the First Principles of Botany*），创译了《植物学》一书，首次将botany译作"植物学"。在日本，学者宇田川榕菴（1798－1846）早先将植物学（Botanica）音译为"菩多尼诃经"，后称"植学"。受李善兰（1811–1882）等译《植物学》的影响，日语中才有"植物学"一词。

《植物学》一书在近代科学史和科学传播史中有重要地位：(1)中国植物学的现代篇始于此书，书中讲述的内容包括植物的形态学、分类学、生理学、解剖学、生态学等方面的知识。(2)确定了科、细胞、萼、瓣、须、心、心皮、子房、胎座、胚、胚乳等专业术语。此前，瓣、须等就用来指称植物的器官，而"细胞"一词是从日文译法中学来的。在汉语世界，古人关于植物的知识这时才与西方科学建立起联系。

就知识点而言，这部《植物学》最接近于当代中学、大学课堂所讲授之植物学，当然不会比现在的课本讲得更准确、充分，在此没必要再就知识点一一列举评述。此时有更重要的方面需要讨论，即诞生于19世纪中叶的《植物学》所体现的"科学以外"的信息。其实"科学以外"的描述并不准确，因为这些信息内在于那时的科学，与科学难解难分。科学与社会（取广义的理解，包括政治、经济、文化、意识形态等）已经形成某种多层面交织的分形（fractal）结构。

关于《植物学》之版本、意义、与国外同时期植物学作品的关系、在日本的传播等，已经有了一些评述，但对于其中的文化背景却少有讨论。这并不奇怪，长期以来，我们都比较重视自然科学著作中普适的、纯净的知识内容，要尽可能地把相关的文化背景、地方性知识剥离，宗教、神学背景更应当抹掉。去与境化、去价值化的后果是：(1)某项科学研究被从历史文化与境中摘出，其结果可能变得普适，但在外人、后人看来变得难以理解；(2)科学研究的动机、目标中，实用、功利的方面被突出，而情感、价值观、超越的方面被忽略；基础科学研究的价值判断往往只从技术功利的角度来加以评判；科学创新的动力被简化为单一的利益驱动；(3)追求纯客观的过程，导致工具理性与价值理性在科学探索的全过程中彻底分离，科学的航船失去了指引、目标，科学工作者不再关注本来内在于课题的伦理问题。与自然神学捆绑，是近代科学的一个突出特点，当今的科学发展未必一定要与自然神学再次捆绑，但它终究离不开某些价值理性的介入。

李善兰1858年在《植物学》序言中写道：

《植物学》八卷，前七卷，余与韦廉臣所译。未卒业，韦君因病反（注：同"返"）国。其第八卷，则与艾君约瑟续成之。凡为目十四，为图约二百，于内体、外体之精微，内长、外长、上长、通长、寄生之部类，梗概略具。中国格致士，能依法考察，举一反三，异日克臻赅备不难焉。

韦艾二君，皆泰西耶稣教士，事上帝甚勤。而顾以余暇译此书者，盖动植诸物，皆上帝所造。验器用之精，则知工匠之巧；见田野之治，则识农夫之勤；察植物之精美微妙，则可见上帝之聪明睿智。然则二君之汲汲译此书也固宜，学者读此书，恍然悟上帝之必有，因之寅畏（注：寅畏，通"夤畏"，即敬畏）恐惧。而内以治其身心，外以修其孝悌忠信，惴惴焉惟恐逆上帝之意，则此书之译，其益人岂浅鲜哉！

咸丰八年（注：1858年）二月五日，刊既竣，书此，海宁李善兰。

从序言中可以看到很强的自然神学味道，书的正文也是如此。如果我们跳出就知识论知识的狭义知识史来看待《植物学》，植物学史可能会呈现出全新的面貌。

《植物学》中出现大量自然神学内容，它是科学作品还是神学作品？那段历史上存在着各自分离的神学和科学吗？自然神学与科学可否再次联姻？基于不同的科学哲学、编史学理念，对这类问题会有不同的回答。我们更喜欢从科学知识社会学（SSK）和博物学编史纲领的角度分析。

"察植物之精美微妙，则可见上帝之聪明睿智"，可谓自然神学的名句。若将"上帝"两字换成"大自然"或"演化"，又有谁能反驳呢？《植物学》一书共8卷，自然神学的思想贯穿正文内容的始终，占了相当大的篇幅，其中有6卷直接涉及自然神学。细节可参考《〈植物学〉中的自然神学》一文（刘华杰，2008）。依照近代自然科学的不同传统，自然神学的风格也可以粗略划分两大类：(1)与natural philosophy有关的数理自然神学：利用几何学＋牛顿力学，强调世界遵循数学法则，而数学秩序最终来源于上帝。上帝是"钟表"的设计者。(2)与natural history有关的博物自然神学：利用博物学，把观察到的精致结构与和谐归结为上帝的作为。上帝是"复杂性"的设计者。严格讲，上述的 natural philosophy 和 natural history 均不能直译成"自然哲学"和"自然历史"，因为早先 philosophy 和 history 分别是"爱智"和"探究"的意思，跟现在的哲学、历史不同。

即使在今天看来，像植物分类学、植物生理学这类博物类科学，与自然神学也没有直接冲突。现在，人们倒是不必担心某个植物学家有自然神学信仰、对植物生命有敬畏之心，相反倒是害怕某个植物学家天不怕、地不怕，或者仅仅看到了植物对人、对少数人的功利价值，特别是只看到短期的功利价值。我们今天观赏到某种美好的植物，研究它的某种精巧的组织结构等，也会情不自禁地发出类似自然神学的感叹，虽然我们也许不相信"主"、"上帝"、"安拉"。真正爱植物的博物学家，对植物、对大自然都有一份敬畏之心，不容许因单纯功利的目的随意破坏植物、生物多样性和大自然的生态平衡，这一点与自然神学完全一致。当今学校课堂上的植物学恰好因为只讲知识，不讲情感、价值观，而使得受到科学教育的学生对真实的植物、对大自然十分冷漠，他们不会欣赏植物，对植物生命和植物生态系统没有敬畏之情。北京大学生物系汪劲武教授非常遗憾地告诉我，现在生物系的学生很少有真正喜欢植物的。现在国家层面倡导的中小学"新课标"，已经在强调，在传授知识的同时，要注意知识、情感和价值观三者并重。一个半世纪前的《植物学》，恰好就是这三者的结合。生态学不还原为生态工程学，植物学也不还原为关于植物的各种具体知识。不知道卢梭、梭罗、利奥波德、卡逊的伟大生态思想，懂再多知识和工程技巧也不能算合格的生态学家，同样，认识几千种植物，发表过几十篇植物学论文，但不会欣赏植物之美，不珍惜生物多样性，甚至充当植物掠夺、植物破坏的向导，这样的人物也不能算合格的植物学家。今日编写的真正适合中小学生甚至大学生使用的植物学入门教科书，也许可以考虑按《植物学》这个模式来撰写。

现代植物学从它引入中国的第一天开始，就与自然神学紧密联系在一起。今天，公众体验植物学，植物科学家研究植物学，除了功利的考虑外，多一点超越性，可能并不是坏事。只要用心，人们在植物世界可以发现自然美、感受存在巨链、体验难以名状的和谐，成就有趣的生活方式。"自然神学在当今已难再承担科学与宗教间纽带的角色，科学与宗教间的渐行渐远将成定势。"（陈蓉霞，2006：56）这是实话，也许我们内心还可以乐观一点，期望自然神学的某种变化形式仍可以担当重任，在科学领域与价值领域架起桥梁。

"传福音"与"搞科普"在许多方面都有相似性。差别当然有许多，比如搞科普的，可能还没有韦廉臣、傅兰雅等人那般虔诚、敬业！

现在小结一下。这里只简要介绍了博物学视角下与植物有关的《尔雅》、《神农本草经》、《南方草木状》、《齐民要术》、《救荒本草》、《植物名实图考》、《植物学》。实际上只选择若干类型加以点评，许多重要的著作没有讨论，如宋代唐慎微著《证类本草》、明代刘文泰等编制的《御制本草品汇精要》、明代李时珍著《本草纲目》、1736年刊印的丹增彭措著《晶珠本草》、清代郭佩兰著《本草汇》、清代吴继志著《质问本草》等均没有讨论。从所讨论的几种来看，这些植物学著作类型多样，多数强调实用性，也有少量著作具有纯粹植物学的特征，如《南方草木状》和《植物名实图考》。这些著作中的描述和知识有些是不可靠的，但是它们基本上来源于生活实际，有扎实的经验基础，极少玄想臆造。作为优秀的博物学作品，它们代代传承，不断积累，稳步扩展，着眼于为中华民族各阶层民众的日常生活服务，并无为了某种抽象科学而穷追不舍的执着劲头，更无为攫取超额利润、全面操控外部世界而刻意创新的勃勃野心。19世纪中叶，西方植物学传入中国，中西文化全面碰撞之际，李善兰等编译的《植物学》也讲究工具理性与价值理性的结合，这一特征值得关注。以本草学为核心的中国古代植物研究，也有明显的缺点，比如过分关注前人的书本知识，有时冗长的引证浪费了许多精力，并没有更多地增加实际知识。另外，过分的实用性考虑，也妨碍对大自然的观察、理解。综合起来考虑，中国古代鸟兽草木之学连绵不断，作为一种博物学传统构成了特有的文化遗产，如今它具有世界文化的意义，会受到越来越多的关注，它们对于未来中国社会的发展也必然有参考价值，因为任何一种文明都不能脱离自己的传统，仅靠照抄人家的东西而建立起来。

参考文献

Lindley J. *Elements of Botany* ; *Structural, Physiological, Systematical, and Medical; Being a Fourth Edition of the Outline of the First Principles of Botany*. London： Taylor and Walton, 1841.

Polany M. Life's Irreducible Structure, *Science*, 1968, 160(3834)： 1308–1312.

阿里巴巴. 伏地魔之子论纯科学推进的速度. 我们的科学文化：科学的算计. 江晓原, 刘兵主编. 华东师范大学出版社, 2009, 256–260.

八耳俊文. 在自然神学与自然科学之间：《六合丛谈》的科学传道. 沈国威. 六合丛谈. 上海：上海辞书出版社, 2006, 117—137.

陈德懋. 中国植物分类学史. 武昌：华中师范大学出版社, 1993, 180—181.

陈蓉霞. 对当代自然神学合理性依据的反思. 上海交通大学学报(哲学社会科学版), 2006, 14 (6)： 56—63.

陈重明, 陈迎晖. 《南方草木状》一书中的民族植物学. 中国野生植物资源, 2011, （06）.

范发迪. 清代在华的英国博物学家. 北京：中国人民大学出版社，2011.

韩启德. 科学文化的核心是科学精神. 民主与科学，2012，（05）：2.

何频. 杂花生树：寻访古代草木圣贤. 郑州：河南文艺出版社，2012，28－32.

胡奇光，方环海. 尔雅译注. 上海：上海古籍出版社，2012.

季羡林. 蔗糖史. 北京：中国海关出版社，2009.

靳士英，靳朴，刘淑婷.《南方草木状》作者、版本与学术贡献的研究. 广州中
    医药大学学报，2011，28（3）.

李时珍. 本草纲目. 北京：人民卫生出版社，2012，第2版，1140－1144.

李约瑟. 中国科学技术史·植物学. 北京：科学出版社；上海：上海古籍出版
    社，2006，444－455.

刘华杰.《植物学》中的自然神学. 自然科学史研究，2008，27(02)：166－178.

缪启愉，缪桂龙. 齐民要术译注. 济南：齐鲁书社，2009.

沈国威. 六合丛谈（附解题·索引）. 上海：上海辞书出版社，2006.

沈国威. 植学启原と植物学の語彙：近代日中植物学用語の形成と交流. 関西：
    関西大学出版部，2000.

斯科特. 国家的视角. 北京：社会科学文献出版社，2011，430.

田勇. 韦廉臣在华的西学传播与传教. 首都师范大学硕士学位论文，2006.1—53.

汪晓勤. 艾约瑟：致力于中西科技交流的传教士和学者. 自然辩证法通讯，2001，
    23（05）：74—83.

汪振儒. 关于植物学一词的来源问题. 中国科技史料，1988，9（01）：88.

汪子春. 李善兰和他的植物学. 植物杂志，1981，(02)：28—29.

汪子春. 我国传播近代植物学知识的第一部译著《植物学》. 自然科学史研究，
    1984，3(1)：90—96.

汪子春. 中国早期传播植物学知识的著作《植物学》. 中国科技史料，1981，2 (01)：86—87.

王家葵等. 救荒本草校释与研究. 北京：中医古代籍出版社，2007，21 – 22.

王扬宗.《六合丛谈》中的近代科学知识及其在清末的影响. 中国科技史料，1999, 20(3):211—226.

王宗训. 中国近代植物学回顾. 生命科学，1988，（04）：2 – 4.

韦廉臣，艾约瑟辑译，李善兰笔述. 植物学. 上海：墨海书馆，1858.

韦廉臣. 格物探原. Shanghai: Christian Literature Society. Printed at the American Presbyterian Mission Press, 1910.

吴征镒. 中国植物学历史发展的过程和现况. 植物学报，1953, 2（02）:335—348.

夏纬瑛. 李善兰介绍. 中国植物学杂志，1950，2（02）：72.

闫志佩. 李善兰和我国第一部《植物学》译著. 生物学通报，1998, 33 (09)：43—44.

宇田川榕庵. 植学启原. 文卿源流丛书. 第2卷. 东京：图书刊行会第二工场，大正三年（1914年），284—323.

张登本. 全注全译神农本草经. 北京：新世界出版社，2009，17 – 30.

张瑞贤等. 植物名实图考校释. 北京：中医古籍出版社，2008.

重新发现博物学

　　任何一个民族都有自己独特的博物学理论与实践，中国古代文化最基本的特征就是博物。博物学对应的英文写作natural history，这里的history不能翻译成"历史"，它原来的意思是"探究"，并没有时间延续的含义。当然，博物学也与历史、时间有关，如赖尔的地质学与达尔文的演化论，而且它更在乎事物在较大时空尺度的变化。英文中有history of natural history这样的词组，意思是博物学史，显然前一个history指"历史"，后一个指"探究"。

博物，也是自然科学的一个重要传统，进化论、植物学、生态学等就是从博物学中诞生的。但是进入20世纪后，分科之学逐渐把博物学挤出各级课程表，不把它视为真正的科学、严肃的学问。这似乎不可思议，其实也很好理解。最近我到广西崇左，当面听到北京大学潘文石教授抱怨他所从事的动物行为学和保护生物学研究也被一些人斥为不够科学！潘教授所从事的研究无疑属于博物学传统。博物学虽为现代性的登基立下了汗马功劳，但现代性追求的是效率和力量，得鱼忘筌、卸磨杀驴在所难免。当下多数一流科学家追求的是为自身利益而操纵世界，二流科学家追求的是多发SCI和EI论文，话不中听，但没说错吧？

古代哲学家张载曾说："为天地立心，为生民立命，为往圣继绝学，为万世开太平。"对照一下当代诸多哲学家经营的游戏，境界迥异。哲学被认为是时代精神，哲学家为纳税人所供养，应当对得起社会；他们应当高瞻远瞩，不畏浮云遮望眼。哲学家有责任在更大尺度上思索天人系统的命运，为了人类社会的持久生存，复兴博物学成为哲学家的使命之一。亚里士多德是哲学家也是博物学家，他的大弟子更是西方植物学之父。约翰·雷、林奈、卢梭、达尔文、华莱士、梭罗、缪尔、利奥波德、古尔德、E.O.威尔逊这些著名的博物学家也都关心哲学问题。博物学不只是观察和开列清单，它同时提供情怀、世界观和人生观。

在建设小康社会过程中倡导博物学，强调知行合一，用意主要不在于掌握多少知识，而在于培育一种新感情，重塑个体与大自然的对话方式，改进我们的精神状态，提高生活质量。也就是说，要从存在论的角度理解博物学理论与实践。

生态保护、自然教育，都与博物学有重大关系，北京大学附属中学已开设博物课多年，受到学生和学生家长的好评。

任何走进英、美、法、日书店的人都可以证明，Natural History 在出版中具有怎样的地位。博物学的春天不远了，但需要哲学、历史学、人类学、社会学、生态学等领域大批学者和出版界仁人的鼎力推动！

直径一米，以见自然

　　修习自然科学的学生以及普通人怎样才能最好地了解大自然的生物多样性、进化的精致以及掌握生态学的基本原则？

　　所谓最好，当然是相对的，包括较快速地、不太失真地了解。在一所不算太差的大学听一门生态学课程，应当是高效、靠谱的事。通常，这样做是对的，但是这未必是唯一的选项，也难说是最好的，因为在教室里了解大自然总是缺少直观性，听众无法发动自己的动物感受能力，与其他物种平等相处，切身体会大自然的复杂性、整体性。

美国生物学家哈斯凯尔采取了并不特别惊人但绝对与众不同的一种办法。他像怀特、法布尔和狄勒德等博物学先驱一样，将目光聚焦于一个较小的区域，主要通过肉眼和身体，持续观察、感受他的"小世界"，并把观察、感受、思索写成了畅销书。他选择的"样方"只是一个直径一米的圆形区域（也说一米见方的区域），位置在田纳西州的一片老龄树林中，他满怀敬意地称这块小地方为"坛城"。

哈斯凯尔以日记体写成了当代博物学名著《看不见的森林》（哈斯凯尔著，熊姣译，商务印书馆2014年），副标题为A Year's Watch in Nature，即在大自然中进行一年之久的观察。从1月1日写到了12月31日。作者在"坛城"观察并感受到鲜活的雪花、苔藓、獐耳细辛、蜗牛、飞蛾、鸟、毒蛾毛虫、秃鹫、蚂蚁、蛞蝓、跳虫等，以生动的文笔和深刻的博物学、生态学、进化论的见解，阐述了生命的惊人多样性、精致性，特别强调了大自然中各物种之间的普遍共生关系。书中几乎每一小节，都有亮点，都令我产生共鸣。实际上，我本人也有这样的想法：在地图上打骰子，随机选择一小块地方，对它持续观察，写一本自然笔记！

进化生物学是作者的思想利器和无尽的科学数据源，但博物情怀显得更为重要。而博物学与进化论是一致的，没有博物学就不会有进化论。当今，进化论武装起来的博物学，在"现代文明的空气和土壤中茁壮成长，悠游自在"（本书译者熊姣语）。博物学并没有消失，它试图汲取现代各门分科之学的营养，以自己的原则对其加以组织运用，更精确、更自然地理解整个世界。观察、记录、描述，以及超越人类中心主义的伦理思索，是当代博物学实践的基本手法。这类工作具有悠久的历史，技术门槛从来不高，但要求独特的心境和肯用来"浪费"的时间。在现代性的大潮中，人心惶惶，高效地追逐名利迫使许多人不容易保持"赤子之心"，不愿意用时间感受身边的大自然。大自然不是伙伴，不是感受的对象，而是设法利用、压榨、污染的对象。因此，虽然在网络时代从事博物学有着天然的便利，但到目前为止，真正能尝试的仍然是少数，尤其是在中国。

哈斯凯尔的博物学观察相当丰富，其解说令人振奋。读后自然能够感受到，我就不举例评说了。他对经验主义和当代科学的批评，令人印象深刻，值得专门说几句。

"我们生活在经验主义的噩梦中：一个真实的世界，就存在于我们的知觉范围之外。感官欺骗我们长达数千年。"（中译本277页）作者说，一个重要原因是尺度的差异。我们人类具有太庞大的身躯，感官过于迟钝，而这使得我们对生命的多样性、复杂性产生了错误的印象。"我们是装点在生命表皮上的笨重饰品"，我们需要"用心"去感受、去发现动物、树叶、雪花、尘埃、菌盖，以及其他多得多的微小生命。"忘我"很难做到，但它是一种方法论手法，通过忘记我们的身份，抑制我们的自大，便容易认识到生命世界的共生本性。

"生命史上的重大转变，大多是通过像植物与真菌这样的协同合作来达成的。一切大型生物的细胞内部都栖居着共生细菌，不仅如此，就连这些生物的栖息地，也是经由共生关系促成，或是被这种关系改良的。"（274－275页）从课本上，固然能学到细胞器是长时间共生演化的结果，曾作为异端的连续内共生理论（SET）已经被普遍接受，甚至写进了中学课本。但是，像哈斯凯尔一样，观察一块"坛城"，对共生能获得更深刻的感受。如果经验主义哲学还有点道理的话，它告诉我们人首先是感觉的动物，每个人自己的感觉能够印证、改进心灵的观念。自然界的确是普遍联系的，联系比我们想象的还要多！

　　用我们自己的感官，观察大自然，能够更平衡地看待本来就存在的自私自利与合作共生，避免简单地把一个还原为另一个。通常的弊病是，以为进化论科学教导我们或者向我们明白无误地证明自私常有理。"在大自然的经济体系中，有多少强盗大亨，就有多少贸易联盟；有多少私人企业家，就有多少团结经济。"（275页）这并非单纯来自伦理学的教导，也是来自大自然的基本事实。西方文化非常强调个体性。张扬个体、解放个体，在一定历史背景下固然有道理，但在自然体系中孤立个体终究不存在。以自私的基因为抓手，鼓励个体间、物种间恶斗，终究是邪说。

　　博物学也强调经验，并且鼓励人们开发自己的新感性。狭隘的经验论是有问题的，要时时提醒自己：经验并非都靠得住、经验也能误导理性。但是，经验不足，对世界的感受和理解便容易出问题，依据极有限经验的模型便可能导向邪路。经验不足在现代社会中往往以追寻客观性为挡箭牌，这便触及对当代自然科学局限性的批评。

作者也坦率谈到自己对环境伦理的看法。"伦理问题也不能依靠人类文化所热衷的政治智囊、科学报告或法律抗辩来解答。我相信，答案或者说答案的开始，要透过我们静观整个世界的窗口来寻找。我们只有通过审视那些支撑和维持着我们生活体系的结构，才能看清自身所处的位置，从而明确我们的责任。与森林的一次直接接触，使我们懂得谦逊地将自身的生活与愿望置于更大的语境中。这种语境是一切伟大伦理传统的灵感来源。"（80－81页）我本人非常欣赏这一见解。博物而自省，超拔"洞穴偶像"而达于教化。

哈斯凯尔作为自然科学家，对自然科学的批评显得更有瓦解性、可信性。

"很不幸，有太多的时候，现代科学不能或者不愿去正视或体会其他动物的感受，'客观性'的科学策略，无疑有助于我们对大自然取得部分的了解，并摆脱某些文化偏见。""然而，分离的态度只是一种策略，目的在于打开局面，而不是要在全部活动中贯彻始终。科学的客观性一方面推翻了某些假定，另一方面接纳了另一些假定。这些假定披着学术严肃性的外衣，很可能促使我们在看待世界时产生自大和冷漠的心理。当我们将科学方法适用的有限范围混同为世界的真实范围，危险就降临了。"（284页）科学为了自身的目标，要化简复杂的大自然，一瞥自然的某些侧面。这样做非常有效力。但是这与世界就如科学化简所描述的那样运作，是完全两回事。哈斯凯尔进一步指出，自然科学的自大精神，并非纯粹学术使然，它"迎合了工业经济的需求"。科学把世界简化为机器，这一隐喻虽然十分有用，但它并不展示世界的全部。

"在这一年中，我极力放下科学工具，努力去倾听，科学是何其丰富，它在范围和精神上又是何其有限。很不幸，这类倾听训练，在正规的科学家培养方案中是没有一席之地的。这种训练的缺失，造就了科学中不必要的失败。由于缺少这种训练，我们的思想更为贫瘠，可能也蒙受了更多损失。"（285页）神话、常识、科学都讲述了若干故事，我们可以陶醉于故事中，但要分得清，不要"将故事误当作世界明澈而妙不可言的本质"。

当然，这不是号召放弃科学，只是提醒改进我们的科学。

博物学与自然神学

　　本书（指《自然神学十二讲》，上海交通大学出版社2014年）译者熊姣不久前为商务印书馆翻译出版了约翰·雷的名著《造物中展现的神的智慧》。到目前为止，中国翻译出版的直接涉及自然神学的著作仍然非常稀少，佩利（William Paley, 1743–1805）的大作《自然神学》仍无译本。一个原因是，中国人对基督教研究不足，不太把自然神学当回事。我相信，随着宗教学、科学史、博物学相关领域的发展，对自然神学会有更多的介绍、讨论。

首先声明，作为上海交通大学出版社"博物学文化"丛书的主持人，我推荐此书与宗教无关。我只是出于博物学的兴趣欣赏作者对自然事物的观察、对适应性稔熟而机智的描写，以及作者为教育界人士，才考虑推荐的。我个人对基督教并无好感，就个人观念而论，更喜欢佛教。为避免不必要的误解，我在这里讲讲这本书的背景。其实在21世纪的今天，有些解释实在是多余。

如果有读者在科学昌明的时代实在无法宽容书中的"荒谬"观点，建议把其中的自然神学叙述完全当作博物学来阅读，我相信会有收获的。我也不在字面上相信作者的观点，但我认为此书是非常有益的，能够增进对世界的理解。

只要我们自己心里有数，就会觉察这部自然神学著作写得并不神秘。我甚至有一个"大逆不道"的建议：除了博物学文化的考虑之外，也可以把此书当作科普读物阅读。反过来，当下有些科普书，也可以当作自然神学著作来阅读！

科学与宗教，博物学与自然神学

西方近代科学与宗教的关系，是学术界的老话题、热门话题，已经有相当多不错的中文材料可供阅读，如吉利思俾（Charles C. Gillispie）的《〈创世纪〉与地质学》、布鲁克（John H. Brooke）的《科学与宗教》、麦克格拉思（Alister E. McGrath）的《科学与宗教引论》、怀特（Andrew D. White）的《科学－神学论战史》、施密特（Alvin J. Schmidt）的《基督教对文明的影响》、巴伯（Ian G. Barbour）的《当科学遇到宗教》等。

自然神学与自然科学联系在一起，与博物学更有密切关联。这应当是地质学史、生物学史、博物学史的常识。不了解这一点就等于不清楚西方博物学文化的一个重要特征。

从约翰·雷、G.怀特到佩利，甚至到钱伯斯（Robert Chambers, 1802－1871）和达尔文，自然神学与博物学曾一体运作上百年，两者彼此依靠，难以彻底剥离。从职业身份上看，历史上许多牧师、神父是优秀的博物学家，除了约翰·雷和怀特，还有塞奇威克（Adam Sedgwick, 1785–1873）、巴克兰（William Buckland, 1784–1856）、伯尼（Thomas Bonney, 1833–1923）、米歇尔（John Michell, 1724–1793）、亨斯洛（John S. Henslow, 1796–1861）、门德尔（Gregor Johann Mendel, 1822–1884）、谭卫道（Jean Pierre Armand David, 1826–1900）、若丹（Francis Charles Robert Jourdain, 1865–1940）、德日进（Pierre Teilhard de Chardin, 1881–1955）、哈特利（Peter Harold Trahair Hartley, 1909–1985）等。

李善兰为中国第一部现代意义上的植物学著作《植物学》所写的序言中也有明显的自然神学句子："验器用之精，则知工匠之巧；见田野之治，则识农夫之勤；察植物之精美微妙，则可见上帝之聪明睿智。"将"上帝"字眼换成"大自然"或者"进化"，都讲得通，恐怕没有人会有特别的疑义。进化是一种长时间的自然选择过程，涉及广义智慧的积累。

今日中国人也许并不是很在意历史上自然科学研究与基督教的结合，但不能不在乎考察大自然和利用大自然时要有深切的价值关怀。如今，知性阶段的自然科学自身，不足以应付复杂的现实局面。社会中实际运行的科学也并非仅是纯粹的认知活动，总是与各种价值观念相结合的，伦理关怀是不可缺少的维度。与其被动地试图排除各种价值的侵扰，不如主动承认价值的负载。问题已经不在于是否有价值负载，而在于当事人愿意选择哪些价值来负载。宗教与科学的再度结合，可能包藏着一定的风险，但是也有好的方面。某种宗教一枝独秀的状况已成历史，不同宗教之间也在深入对话，求得和解。而博物学、保护生物学等从宗教中试图汲取的并不是某些狭隘的教义，而是正规宗教努力向善、维系秩序、和谐护生的正面价值取向。从进化论的观点看，如果说近代自然科学是理性化身的话，它们到目前为止也只展示了浩瀚历史画卷的局部短程理性，而正规宗教作为一种文化传统展示了相对长程的理性。当然，在各自的历史中，也都充满着各种各样的非理性。宗教不只是信仰，科学也无法根除信念，信仰或信念也并非都要归结为、还原为非理性。现在，科学与正规宗教没有全面对立的理由，在应对现代社会的许多复杂问题时，它们应当是同一战壕中的盟友。

北京大学吕植教授的研究表明，在青藏高原佛教对于生态保护起着重要作用，她所从事的保护生物学理论与实践也积极地与喇嘛合作。在吕老师等人的主持下，2013年在青海年保玉则成功召开了一个规模巨大的生态论坛，我有幸出席，颇受教益和启发。

查德伯恩是教育家与博物学家

本书作者查德伯恩（Paul Ansel Chadbourne, 1823 - 1883）是美国著名教育家、博物学家。美国的威斯康辛大学能成为今日的全球名校，查德伯恩作为老校长曾做出了重要努力。坦率说，查德伯恩不是历史上名气最大的自然神学家，那么为何选择他的小书呢？这与编史观念有关。我看重的是他的高等教育背景，他对19世纪美国教育、人才培养的特殊影响力。他同时撰写了通俗的自然神学和博物学著作。

查德伯恩出生于缅因州的 North Berwick，1848年大学毕业于威廉斯学院（位于麻省的一所私立大学，1793年建立，校名源于 Ephraim Williams）。后来在伯克夏医学院（Berkshire Medical College）获得医学博士学位。1850年在一所高中任校长。1851年与 Elizabeth Sawyer Page结婚，同年成为威廉斯学院的教师。1853年成为威廉斯学院化学和植物学教授，1853－1855年主持博物学考察，1859－1865年任博物学教授。1866－1867年出任麻省农业学院（Massachusetts Agricultural College）校长。1867－1870年出任威斯康辛大学校长。1872－1881年回母校任威廉斯学院的校长。1882－1883年任威斯康辛大学麦迪逊校区形而上学教授。威斯康辛大学麦迪逊校园中的查德伯恩楼（Chadbourne Hall）以及女子楼（Ladies Hall）就是用来纪念他的建筑。

查德伯恩在威廉斯学院曾建有一座私人植物标本馆，藏有6000种植物的标本。1876年《美国博物学家》杂志刊出广告出售其中的标本，据说利文斯顿（Lewiston）的一位绅士购得，标本最终转移到缅因州的贝茨学院（Bates College）（参考：M.L. Fernald. Some Early Botanists of the American Philosophical Society. *Proceedings of the American Philosophical Society*, 86(01)：71；M.A. Day, The Herbaria of New England, *Rhodora*, 3(31): 208）。

查德伯恩生活的年代与达尔文（1809－1882）绝大部分是重叠的，这间接表明，即使在《物种起源》发表后很久，自然神学仍然是西方高等教育的一部分。

在新的时代，博物学与自然神学并不必然矛盾。如今从事博物学、生命科学研究，以及参与保护生物学实践，仍然可以持有自然神学信仰，这对其职业工作通常没有损害而且颇有帮助。

代换是一种辅助理解手法

本书是查德伯恩在洛威尔学院所做的演讲汇编。自然神学的叙述可能令普通读者感到陌生或者好笑。以辉格史的视角看科学史，好笑的当然不只是这些，医学史和拉瓦锡之前的化学史简直不忍目睹。嘲笑前人、祖先、历史从来是不明智的，因为后来人也可以同样嘲笑我们。聪明人要善于超越具体语词的时代局限，"抽象继承"前人的智慧，赋予原有文本以新的阐释。

截然分明的科学革命是历史学家纸面上的建构。哥白尼革命和达尔文革命皆如此。1859年达尔文出版了《物种起源》。那个精确时间1859年仅仅在纸面上标志着一个新时代的开始。在整个19世纪真正持有达尔文见解的是极少数，甚至达尔文的拥护者也没有深入理解达尔文的观点。达尔文主义成为主流那要等到20世纪的"新综合"到来之际，此时距《物种起源》发表已经有70年了！中国读者要尝试在19世纪的西方文化语境中理解查德伯恩的作品，要注意他的作品与进化论之间的微妙关系。

全面评述查德伯恩这些能够再现19世纪下半叶西方学术面貌的演讲，不是我这里的任务。书中的内容更无需在这里赘述。但为了阐述本书的性质，还是先引用一段：

我们在这个世界上，感觉就像那些皇室的孩子——他们待在父王精心建筑并布置好的宫殿中，却从未见过他。他们赞叹于宫殿的宏伟壮丽，惊奇于宫殿里的一切都完全合乎他们的心意。随着他们年岁渐长，需求增多，他们总能找到合乎心意的新事物来满足需要。他们在一个地方看到力量的体现，在另一个地方看到无与伦比的技巧与永无穷竭的财富，各处都如此协同一致地使他们感到满足，以至于他们根本无法怀疑这不是特意为他们而造。他们可能无法全面理解宫殿内部各个部分的用处，但是他们了解得越多，就越是发现这些地方完全符合他们的利益，一切计划都在掌控之中，这一点一目了然，建造者对他们的爱和关怀亦是如此。这些境况无疑会唤醒他们，使他们渴望去认识屋子的建造者和主人。感激之情会寻找表达的机会；或者，如果感激在心中没有地位，他们也会渴望去弄清，他们能否随心所欲地继续住下去，永远享受这样的优待，而无需对款待他们的人作出任何承诺。尽管从建筑及屋内提供的设施中，可以了解到建造者的很多特征，但是很显然，从建筑本身的结构中无法找到确切答案的众多问题，将会油然而生。住在里面的人将希望知道，主人在何种程度上依然关注这栋建筑以及屋内之物，或者，他们与主人还可能有哪些新的关系。如果主人仍然密切关照着他们，他们会想知道，如何使用屋内提供的设施，才会得到主人的认可；或者，主人在赐赠厚礼时，希望得到怎样的回报。（见《自然神学十二讲》中译本，第6页）

　　如果把引文中的"建造者"、"主人"视作"客观规律"或者"大自然"，即便是最挑剔的无神论者、小心翼翼的科学家，恐怕也不会特别反对。没准还会认为相关的阐述生动有趣，能够引起读者思考对待大自然的态度，自己如何做才能保护生物多样性、维护世界的可持续发展呢。按照朴素的唯物论，不变的自然规律的持续作用最终导致世界今日的大格局和每一个细节。而普通人，特别是没有受过良好教育的人，并不了解其中的自然规律（表现为客观的不以人的意志为转移的规律），看不见它。自然规律一直都在起作用，不管人们看见没看见、理解没理解。当人的力量足够大时，人借用科技似乎可以心想事成。其实不要忘记，人依然时时处处服从规律，没有规律人寸步难行。但是，总有些人忘乎所以，以为人怎么做都是可以的，人的行为无需谁"认可"，这离危险就不远了。人类高效率地破坏自然生态，无视自然法则，终将受到大自然的惩罚。恩格斯甚至也明确讲到大自然的报复。

细究起来，以上两者看世界的方式都不甚可取，仅仅是高度简化的模型、图景罢了。世界高度复杂，一直在生成着，偶然性扮演重要角色。上述两模型的区别不在于是否相信自然规律，两者甚至都展示出太客观的假相。如果说是规律范成了世界，那么也不是一条两条规律，而是相当多不同层面的规律与多种边界条件、初始条件、偶然因素相互作用下，部分改造原有结构的结果。"一切事物都显示出设计的迹象"，对于今天的人来说，只意味着世界的精致、复杂，并不能由此推出某个人格化的设计者，也不能把它归结为冷冰冰的几条定律。

与基督教相关联的一种重要思想是人类中心主义："人被公认是地球上最高等的生物，因此我们会希望，从一种特定的意义上来说，世界是为人类创造的，或者，至少世界与人的关联，比它同任何其他生物的关联更为重要——人是创世中的中心角色。"（见《自然神学十二讲》中译本）简单讲，人是万物之灵，世界为人类生存而存在。这与普通人的认识竟然惊人地相似，庸俗版的进化论图景与此也差不多。它是想象的、狭隘的。达尔文的进化论已把人"降低"到一个普通物种的层次。人是上帝的特殊选民，也没有使人真的高贵起来；人与其他物种平级，也没能辱没人的身份，也没有妨碍人从人的视角为天下操心。在今天，非人类中心论可能是更可取的视角。它并没有贬低人类，却使人类有宽广的视野看问题。在长达百年的竞争中，达尔文的理论最终胜出，但达尔文进化论不寻常的"三非"特征隐藏着摧毁传统秩序的"危险"：（1）非正统，反教条。这一条最终引向自然主义地理解世界的发生发展。这条主要是相对于西方文化而言的，特别是19世纪的主流宗教文化。对于非西方文化，自然发生论并不惊人。（2）非人类中心论。这一条也基本上是针对西方文明的，一开始被作了相反的理解。（3）局部适应的非进步的进化机制。这一条是针对现代性的，迄今在文明话语中也没有很好地落实。非但如此，常常作相反的解释，进化论迅速被接受一定程度上恰好以误解这一条为基础。科学进化论虽然清洗了附着于说明之上的一些可疑心灵，却没有否定一切信仰，这是非常关键的一点。有些极端科学主义者，看不清真正的敌人，将斗争的矛头对准了信仰，这样既不能有效对付非科学说明，也可能伤害科学自身。

生命演化中普遍存在的适应性为"目的性"保留了位置。目的性、目的论、神学目的论之间有多大差异，因人而异，因动机而异。广义的目的性确实存在，并不神秘，科学说明在阐述"目的"时通常把它还原为因果说明。理论上能做到，而事实上难以做到，也没必要处处那样做。在许多说明中，人们可以放心地使用"为了"字样，而不必受到指责。自然神学中的许多目的论说明，在进化论之后，只要换个角度，是容易翻译过来的。比如对于"眼睛"的说明，只需要把"设计者的智慧"换成"自然选择进化的智慧"就可以了。在谈鸟的适应时，作者讲："鸟的骨骼中空，从而轻捷身体。鸟的肺部容量增大，从而能应对奋力飞行时激起的巨大气流。为了产生飞行的力量，鸟的肌肉厚实而坚韧，全部层层交迭，包裹在翅膀基部。至于鸟的每根羽毛、锐利的眼睛，还有形态各异的鸟足与鸟喙精妙的构造，是如何适应于不同的本能和生活环境，我还有必要去说吗？"（见《自然神学十二讲》中译本）只要不涉及最终解释，科学与宗教的确可以相安无事。自然神学对广泛存在的适应性行为的生动描写，与当今许多科教片的叙述，其实是同构的，也都能引起人们的关注、深思。再比如对响尾蛇的描写：

响尾蛇的尖牙对于它那歹毒的行当来说，是一件完美的工具。它的牙是一根管子，然而末端有一边是扁平的，这样一来，尖端就有了一道锋利的刃；毒液随时都有，通过发动攻击咬伤受害者，就能注射出来。这颗对于补充响尾蛇的本能起到关键作用的尖牙，很容易被它凶猛的攻击行为弄断；不过，大自然已经在同一个牙槽窝中埋植了种子，让新的尖牙生长出来，取代丧失的尖牙。响尾蛇尾部的响环在它发动攻击前就会发出警告，这件古怪的装置并不是为响尾蛇本身而造；可是这种装置与响尾蛇的行动如此相宜，与它的本能也如此一致，我们不得不视之为一种特殊的保护，其目的在于避免这种致命的爬行动物滥杀无辜。（见《自然神学十二讲》中译本，第53页）

这段话凝聚着人类对响尾蛇的长期观察、解剖和行为探究的成果。从科学的角度出发来叙述响尾蛇，甚至可以对上文一字不改！

理解全书的内容，其实不必笨到处处进行自然主义的代换。但代换练习，可以满足初学者、怀疑者。

出版中译本的意义

科学与神学都可以并且都在与时俱进，也都有生存的权利，两者都能做善事。重要的是谁也不要过于极端、独断。

翻译出版这样的著作是有意义的，表现在如下四个方面：

（1）有助于国人进一步了解科学与宗教的关系。再具体一点是，了解博物学与自然神学的关系。麦克格拉思讲到自然神学的三条进路：诉诸人类理性、诉诸世界的秩序、诉诸自然的美，这三条都可作引申而为我所用。当人们出于深厚的情感而倾听自然、观察自然，洞悉自然之精致、欣赏自然之美时，生态文明的观念也就容易深入人心。人是一种动物，但人不仅仅是一种动物；人要超越自身的缺陷，争取做讲伦理的善人。

（2）有助于对西方科学文化、博物学文化有更全面的理解。文化不是单一的东西，而是一个矩阵、母体（matrix），在未做深入了解之时就幻想去粗取精的分离主义策略，并非好主意，到头来取不了精也去不了粗。鸦片战争以来或者改革开放以来，国人借鉴西方好东西的诸多事例，不能说动机不对，但总想用快捷方式，通常欲速不达。现在各级学校课堂中讲授的科学，基本上是异域文化的产物，传授过程中尽可能"去与境化"、"去历史化"，让学生把科学定律、科学知识像"神谕"一样记住。中国人想快速了解、学会科学文化，提升自己的创新能力，却面临相当大的困难。多种因素决定近代中国走上不连续的跨越式发展之路。先把末端做好（有技术、有钱、有面子），做到暂时名义上不被列强欺负，但并不扎实，有些课终究是要补的。当然，这不意味着别人走过的路我们要原样重来一遍。不是这样的，也不允许这样。只是有些基础环节可能不可省略。异域文化与本土文化必须深度整合，才有希望创造出一种属于中国人的新文化。科学创新必须基于现实的、普遍的大众文化，当周围的世俗文化都不利于创新时，科技领域的科技创新何以能持续花开沙漠？创新也并非越新越奇就越好，创新要考虑人的适应和大自然的适应问题。

（3）提醒人们尊重大自然演化的智慧，不要片面夸大人的智力。现存的物种、自然地貌、生态格局从宏观到微观，均是长时间演化、适应的结果，人类对其改造时要特别谨慎。稍有不慎就会酿成恶果，给子孙后代和其他物种造成麻烦。近代自然科学的历史非常短，也就几百年，与人类的生存史无法相比，与大自然演化史更无法相比。依据近代科技来支配大自然的能力，与传统生产力有所差异，通常表现为不可逆的干预能力。人类某些动作对大自然施加了影响，产生了某种不良效果P，想去掉P非常困难，要花费数倍的精力和财力，并且最终几乎是不可能的。2013年我曾提出"技术成本非对称原理"（Asymmetrical Principle of Technology Costs），来讨论类似事情。

（4）对于我们今天倡导新型博物学有启示意义。新型的博物学将继承历史上各种博物学的一些方面，要努力汲取当代科学的成就，同时要树立一种新型的世界观、自然观。在大自然面前表现出敬畏、感恩、谦卑的心态十分重要，时时牢记这些并不会损害人的尊严，也不会挫败人的智力，恰好能凸显人的理性和人的智慧。当代科技的问题不在于效率不高，而在于太讲究效率而忽视伦理，太在乎眼前利益而忘记长程权衡。从坚持理性精神考虑，科技就不应当是目前的样子，必须将力量与德行统一起来，重新赢得人们的信任。

还有一点，雷的书以及查德伯恩的书提醒我们做一类比思索：在中国的历史上，博物学是独立生长的吗？与中国博物学相伴的观念是什么？是否有与西方之自然神学地位相当的思想资源？天人合一、经世致用等观念扮演怎样的角色？

博物学家洛克的红颜知己

美国作家萨顿（Silvia Barry Sutton，1940–1997）所著《苦行孤旅》（上海辞书出版社，2013年）是到目前为止最系统、最有趣地讲述博物学家（naturalist）洛克（Joseph Francis Rock，1884–1962）的专著。英文版39年前就已面世，但长期没有中译本。2013年李若虹博士终于将这部叙事生动、信息量巨大的传记译成中文。

为写这部书，萨顿女士以极专业、敬业的精神阅读了大量洛克日记，走访了几乎能找到的所有了解洛克的人。遗憾的是，她想到中国云南进一步了解洛克生活过的地方而申请中国签证时，在那个不开放的年代其申请被拒。萨顿曾为哈佛大学阿诺德树木园首任园长萨金特（Charles S. Sargent）作传，晚年还写过小说《电视停播的那天》。

如今洛克是世界名人，许多领域的学者甚至一般游客都关心他。在云南丽江几乎人人知道这个洋人。某种程度上也正是洛克使得丽江迅速被全世界知晓。

没上过大学的洛克，身后博得多种头衔，如植物学家、探险家、纳西学者、民族学家、语言学家、摄影师等，不过，较准确而概括的提法是博物学家。洛克最主要的成就有两项：（1）对夏威夷本土植物的研究；（2）对纳西语言、宗教的研究。前者是在夏威夷做的，后者是在中国云南做的。

洛克才华横溢，媒体显示度也相当大，但想理解其个性并不容易。一是洛克在公开场合刻意打扮自己，让人猜不透他的底细、背景，当时中国百姓还以为他是某国的王子呢。甚至长期以来连他的学生都不清楚他是否有博士学位、是否读过大学。据我查到的数据，洛克没读过任何大学，1962年4月12日洛克在刚落成的奥尔维斯音乐厅（现为夏威夷大学音乐系所在地）才得到夏威夷大学颁发的荣誉科学博士学位。二是关于洛克个人生活的资料大多在博物馆和档案馆中，普通人很难获取。他的日记和通信基本上没有曝光。洛克日记有重要价值，值得整理出版。第三，民间流传的关于洛克的许多说法不可考证。

借着这本洛克传，可以谈的事情非常多，几乎可以写一本小书。我还是八卦一点，谈谈洛克身边的女人吧。

洛克与女性的关系，是敏感而费解的部分。《苦行孤旅》在多处谈到洛克与不同女性的关系，用墨不多，却丝丝入扣。

中国媒体《大观周刊》2004年曾以"洛克的儿子在丽江"为题报道洛克有两个私生子，甚至列出了名字。这个暂且放下，因为没有最终证实或证伪。

在一般性的描述中，洛克终生未婚。洛克在小本子中曾写道："单身汉就是连一次都不犯结婚这样的错误的男人！"（《苦行孤旅》中译本142页）不过，这并不能完全说明洛克对性、对女人、对单身的态度。"他交往的女性中也有几位令他尊敬的，合得来的，可是这些女子对他往往都不会在情感上产生任何伤害，比如他的女性朋友往往是传教士或是朋友的太太，而她们会如同母亲或姐妹般关照他。虽然洛克并没有引人注目的长相，但是女人天性反复无常，很容易被洛克的孤高吸引。洛克讲述的有关中国的故事，由暴力和男子汉的气概点缀着，更增加了他在女性眼中的魅力。"（144页）其实，洛克并非讨厌、回避女人，在一些社交场合上，"洛克能轻而易举地使自己成为聚会交谈的中心，而且一旦舒服自在地融入这种场合，他就不愿离开。如果哪位女主人担心自己主持的晚会冷场，那么她最好邀请洛克去参加，洛克的到来保证使晚会开得生动活跃。"（147页）

洛克有时也假正经。1932年斯诺（Edgar Snow，1905—1972）招待洛克，把他请到大上海著名的玫瑰坊消遣，夜店美女的作陪令洛克很不快，为此洛克在日记中抱怨了上千言。作为女性的萨顿也认为洛克有些反常：洛克对"夜总会里种种丑陋的场景"不满，"实在是过于较真"；"说穿了，那一晚斯诺带他去玫瑰坊消遣，洛克之所以会暴怒只不过是夜总会的场景意外地撩起了他作为男人的性欲。"（145页）

洛克生活中有没有关系较铁的异性？除了传说外，可以确认的至少有一位。

《苦行孤旅》解决了我个人的一个疑惑：洛克晚年为何住到别人家里，直到去世？是穷困潦倒租不起房子？显然不是。洛克不甚爱财，一生也从未为了财而拼命工作，成名后虽然不富有，但并不缺钱。书中在谈到洛克与洛伊·马克斯（Loy Marks）1936年在北平相见时写道："洛伊·马克斯是一位极佳的旅伴，她聪慧敏锐、活力四射，并对周围所有的事物充满好奇，和她在一起的游历，洛克一点都不厌倦，和他们一起到中国餐馆用餐也是一件令人愉快的事情。"（336页）

我在夏威夷访问洛克遗嘱执行人韦西奇（Paul R. Weissich）时见到洛克的一个精致的手提箱，把手上挂着一个行李签，上面有洛克清秀的字迹："夏威夷檀香山老帕利路3860号洛克博士。"为什么是这个地址，这是洛克的家吗？

洛克去世第二天（1962年12月6日），夏威夷的本地报纸《檀香山广告报》以"博物学家洛克去世"为题报道如下："世界知名博物学家洛克博士昨天在檀香山逝世，享年79岁。昨天早晨在檀香山老帕利路3860号马克斯夫妇家中起床不久，他因心脏病复发而去世。"

在夏威夷的瓦胡岛相距不远的两个山谷都有3860号，东侧马诺阿山谷的是莱昂树木园，现归夏威夷大学管理；西侧努阿奴山谷的则是马克斯地产，洛克晚年住在这里，现在为加州的一位富翁、栀子学会主席拥有。我和田松特意去参观过马克斯夫妇的大房子，我也专门查过这所房子的历史。房子位于一个大花园中，花园占地相当大，为190米×100米的规模。这还是修路后剩下的面积。房子内部的家具、装饰画大多是中国风格的，外面墙角的仓库中还有大量散乱的中国木雕、瓷器。

洛伊与洛克在这座大房子中朝夕相处，相当程度上担当了洛克的秘书一职。洛克1962年去世时，他用大半生精力编著的《纳西语英语词典》只出版了一卷，第二卷则是在洛伊的努力下后来出版的。仅由此一项看，洛伊对洛克的帮助就非同寻常。

洛伊平时亲切地称洛克"坡哈库"（Pohaku），夏威夷语中岩石（Rock）的意思，正好与洛克名字写法相同。

洛克去世后，安眠的地方也可佐证他与洛伊的特别关系。洛克12月5日去世，10日下葬于瓦胡墓园中McCandless家族（即洛伊的娘家）墓块（plot）中的东南角。19世纪下半叶McCandless三兄弟在夏威夷创建了家族企业，洛伊的父亲Lincoln Loy McCandless（1859－1940）后来成为著名企业家和政治家。

夏威夷大学民族植物学家俦克（Al Chock）半个世纪前撰写洛克学术讣告时，洛伊提供了具体的帮助，协助整理了洛克出版物的细致目录。2011年我跟俦克当面聊过，老先生确证了洛克与洛伊之间的友谊。当我问他们是否有那层关系时，先生笑了。

洛伊是植物爱好者，虽然不熟悉中国的植物，却比较了解夏威夷的本土植物。当萨顿为洛克作传而采访她时，得知传记主要写洛克在中国的事情，她略显失望。洛伊保证，如果有人要写洛克对夏威夷植物的研究，她能助一臂之力。目前中国以及世界范围的普通人，目光聚焦在洛克在中国所做的事情，只有少数人还想着洛克对夏威夷本土植物的专门研究。《苦行孤旅》有一整章介绍洛克在夏威夷的活动。这些信息虽然仍不充分，但相对而言能够更多地展示洛克早期的成就，也让人们理解何以美国农业部、哈佛大学和美国《国家地理》杂志愿意花大价钱雇用一名自学成才者。

《苦行孤旅》是一部难得的传记作品，文字流畅又处处有确切根据，其写法值得科学史工作者参考。中译本翻译也相当认真。谭卫道、贝勒等人名，"标本"、"桔梗科"等术语没有译出来，稍有遗憾。

记录自然之美

　　我认识徐健并关注他所领导的影像生物多样性调查所（IBE）已有一段时间，也在多种场合推荐过此团队的工作。经我介绍，北京大学美学散步沙龙之"观天地生意、赏博物之美"专门邀请徐健报告过他们的工作。IBE规模还不大，但已经在为科学家、保护区、国家公园、地方政府、大众传播以至生态文明建设提供优质服务。我相信IBE有着美好的未来。

　　在过去几十年里，人类学、社会学、经济学、民族学等领域的学者们分头尝试了一系列介于完全定量探究与一般性观光之间的速效调查方法。这类方法有不同的名称。比如乡村快速评估（Rapid Rural

Appraisal，简称RRA）、参与性乡村快速评估（Participatory Rapid Rural Appraisal，简称PRRA）、快速评估法（Rapid Assessment Process/Procedures，简称RAP）、快速定性调查（Rapid Qualitative Inquiry，简称RQI），等等。概括起来讲，这类工作的特点是：基于有限目标快速获取信息；调查地点一般取欠发达地区；重视本土知识（indigenous knowledge）和本土文化传统；小团队一起协调工作；虽然也涉及自然，但侧重人文、经济、历史方面；强调调查主体个性化的洞见以及独特的沟通技巧和致知方式（ways of knowing）。

　　IBE的工作方式也是快速调查，应当说延续了前述的方法，侧重点则转向了大自然及其影像。但仍然包含人文的维度，最近的一些调查还专门邀请了人类学工作者参与。具体讲，基于有着悠久历史的博物学（Natural History）和崭新的保护生物学（Conservative Biology）理念，试图通过数字影像这种媒介形式，在短时间内快速提取、建构某一特定区域内的生物多样性特征。做好这类工作对团队成员的要求是相当高的。比如，（1）兴趣、信念与吃苦精神。说起来这条显得较虚，但非常重要，比其他技术层面的要求更加根本。（2）快速学习的能力。对于新的任务，原有的知识和经验储备总是不足，"恶补"显得非常必要。行前要对区域内的地质、地貌、气候、物种分布、可能遇见的特有种之习性等，有尽可能多的了解。

（3）团队分工与协作。每个人首先要优质地完成自己份内的工作，在体力、生活起居等方面少给团队添麻烦，在此基础上通过密切合作，真实展现大自然的整体性、复杂性。（4）审美训练和"人品"培育。拍出好片子，设备相对而言是次要的，做类似工作的设备都不会太差。欣赏大自然之美，并不是说那些美就客观地等在那里，谁过去都能看到。绝对不是这样。哲学上讲，美是主体与客体相遇的产物，大自然一方对于成就某种美只提供了某种可能性。"人品"似乎是偶然性、运气的代名词，当然包含这些，但它更是某种说不大清楚的综合性演出（performance），其发生表现出一定的概率特征。

IBE的运作模式也是值得关注的。从一开始IBE就试图在经济上不依附于政府或任何特定组织，它通过承包任务、项目，提供服务，输出优质产品而求得生存、发展。在中国，之前也不乏有理想有抱负的个人或者团体做相关工作，但他们习惯于扮演受压迫、边缘、悲惨的角色，甚至对自己提供的服务也不敢名正言顺地索取正当的经济回报。那种社会定位和运作模式，其实并不适合这个时代。没有人真的喜欢"失败者"、"寒酸相"。实际上，我最早注意到IBE恰好是因为它努力展示的、尝试塑造的公众形象：阳光、时尚；博物；环境友好。

说了半天，还没谈技术。其实已经涉及了。技术与理念、产品是分形地（fractally）结合的，并非独立的参量，苹果公司如此IBE也如此。在本书中，IBE捕捉的自然之美是撼动人心的，每一张片子都融入了多种技巧和对大自然的深情。

印加孔雀草快速入侵北京昌平

近些年，入侵我国的外来植物越来越多，比如微甘菊落户深圳、加拿大一枝黄花落户上海、紫茎泽兰落户云南和贵州。入侵首都北京的植物也不少，仅看菊科，除了豚草及三裂叶豚草，最近又发现了印加孔雀草。开发公众博物学，可以让更多的市民参与监测和控制外来物种的入侵。

2014年10月7日，我到北京市昌平区兴寿镇西新城子村西侧、辛庄村南侧的北京天创森源农业科技公司管理的大棚菜园，在缓慢行驶的车上发现墙根和菜园过道处有一种叶子似万寿菊但花根本不同的特殊植物。停车仔细观察、拍照并采集标本，确认以前从未见过这种菊科植物！

此植物株高1.5米左右，茎多分枝。茎下部叶对生，茎上部叶互生，羽状复叶。舌状花2~3片，前端微凹，淡黄色至白色，长2~3毫米。总苞细长柱状，长10毫米左右，黄绿色。瘦果黑色，长6~7毫米。头状花序多数，在茎顶排列呈伞房状。

昌平的这个地方2013年我来过多次，此菊科植物未见一株，而此时已经有数百株，而且正在开花，有蜜蜂等昆虫在为其传粉。在记忆中迅速搜索我个人知道的菊科入侵种，一一否定。经中国科学院植物研究所林秦文帮助查对，这是菊科万寿菊属小花万寿菊（*Tagetes minuta*），也称印加孔雀草，原产于南美洲。《中国植物志》及其英文修订版FOC均未收录。

国内2013年和2014年关于印加孔雀草至少有两则相关报道。据董振国等人2013年发表在《广西植物》上的文章，此植物生长于江苏省连云港市赣榆县城西镇和黑林镇的公路旁和荒地上。推测为海关进口货物时带入，并通过车辆散布，有明显扩散的趋势。另据张劲林等人2014年发表在《植物检疫》上的论文，在北京昌平怀昌路沿线发现印加孔雀草较大的群落，"生境包括公路边、路基坡、河渠边、干涸河床，说明印加孔雀草在我国内地也已成功归化定殖"。

此次发现印加孔雀草入侵昌平的地点与上述张文所述的入侵点接近，说明已从马路向农田、村庄渗透。印加孔雀草进入我国的顺序大致是：南美洲、台湾、江苏连云港、青岛、北京昌平。

印加孔雀草有很强的繁殖能力，北京有关部门应当尽早采取措施将其清除。如果较早采取行动，治理它也许并不很难。它与此前入侵北京的豚草和三裂叶豚草一样均为一年生植物，开花结种子前连根拔出，晒干或者粉碎，即可阻止其种子扩散。如果行动较迟，几年后将大范围扩散，再想防治则难度加大。当然，小花万寿菊也并非一无是处，据报道可提取精油、作香料以及药用。

黑龙山、千松坝和云雾山

2014年国庆假期高速路仍然免费，不过为避免大家一起出行、拥堵，我最好还是提前几天出发，缴费通行总比堵在路上划算。这次出行主要想看秋叶，活动范围将在河北的北部。

9月28日10时由北京海淀育新花园出发北上。经延庆白河堡水库，在路边的金港湾吃水库鱼。进入河北境内，中途拣小青蘑，住赤城寒谷温泉的瑞云宾馆。傍晚见大量刺榆，刺很长。

9月29日，晴。7:23从宾馆出发，室外温度为9摄氏度。向南行再东转，走G112路，过龙门所向北，接近白草镇时离开G112走X404继续北行，过三道川右转走老栅子方向，到黑龙山森林公园。先西沟后东沟，山谷6摄氏度山顶5摄氏度，未登东猴顶，因为太冷，只上了北部的山梁。优势树种为白桦、华北落叶松、花楸、大果榆，特色植物为金花忍冬（*Lonicera chrysantha*，果实鲜红，挂满枝头）、兴安天门冬（*Asparagus dauricus*，茎干上附有大量红果）、蓝刺头（干枯，但仍显淡蓝色）、山刺玫（*Rosa davurica*，果实圆形、表皮无毛刺）、刺五加（枝头挂了许多黑果）等。西沟过度放牧，林区管理者自己放养了数百头牛，对植被破坏较严重，也污染了溪水。南行退出，右转沿X404北上奔沽源方向。土路难走，车子经常涉水。过老掌沟林场、前坝、后坝，在马神庙左转（南转）奔冰山梁，此处是局部最高点，风电场景色十分凄凉，山顶零下1度。返回继续沿X404接S241，天黑时北上，19:20到沽源，宿玉龙湾假日酒店。

9月30日，晴。早晨在马路对面吃早饭，羊杂8元。8:00出发，应走南线S244，却走了北线"大二号"方向。过鱼儿山，再向东走上新修的准高速。在外石口林场检查站转了一阵，小路不敢前行，返回鱼儿山。南行，沿新修、还未完全开放的高速到大滩，东转走S244，终于找到千松坝森林公园入口。有诸多卡车运石料由林区小道钻出来。过柳条河进景区，主要植物为白桦、山杨、落叶松、山荆子、虎榛子、云杉等，山坡呈金黄色。这里算离北京较近的真正林区，树木不算粗，却高而密，野性十足。欣赏完，继续东行，途经窟窿山李木匠沟门看花岗岩。在喇嘛山冰臼公园停车场休息，此处多年前来过并爬了山。傍晚至丰宁，宿富兴大酒店。

10月1日，阴雨。沿 S244东行，在北苏武庙南转，至丰宁云雾山森林公园。林场门口植水曲柳，山坡多山核桃和油松。小雨中上山，拾肉蘑若干。雨变大，不便登山。这次来算认个路，明年春天再细看。下午在怀柔圣泉水湾农家大院吃饭。

在多数人还没出行时，我们已经返回北京了。

此行三个地方黑龙山、千松坝和云雾山均为第一次造访，估计春末和仲夏到来，看植物的收获会更大。

利奥波德讲的Silphium指什么？

利奥波德在《沙乡年鉴》（*A Sandy County Almanac*）第一部分的7月，讲到一种植物 *Silphium*，中译本译为"指南花"。它到底是什么呢？

查过一些资料，有两种意见：一种说它是伞形科的大茴香一类的植物，认为它相当于silphion或laser。另一种说它是菊科类似串叶松香草的草本植物，认为它相当于 *Silphium laciniatum*。综合考虑威斯康辛的环境，应当是后者。

*Silphium laciniatum*对应的中文名呢？此植物英文俗名为campass plant，我认为中文名叫"罗盘菊"较好。理由是：（1）它是菊科的；（2）它的花形状像罗盘。译成"指南花"不是很好，信息不充分。

*Silphium*这一属的植物在美国目前还有四个种存在，利奥波德当年曾担心会灭绝。在中国，20世纪70年代中期曾作为饲料草引进过此属的一种"串叶松香草"。不过，《中国植物志》没有收入这个属的植物。在北京，多处种植了串叶松香草，长得非常高大。

我国台湾译本《沙郡年记》（译者吴美真，北京三联书店，1999年8月）和当代世界出版社的英汉对照本《沙郡年记》（孙健、崔顺起、丁艳玲译，2005年9月）均将*Silphium*这种植物名译作"裂叶翅果菊"。我认为不妥，理由是裂叶翅果菊在植物学上是指*Pterocypsela*（据《中国植物志》，而《中国高等植物图鉴》作*Lactuca*）这个属的一些植物，而它们根本不具有*Silphium*的特点。

动物美图背后

我也喜欢摄影，主要拍植物，通常不拍动物。不是不想，而是觉得太难。我也听到一些博物学爱好者、摄影爱好者议论动物如何难拍。

奚志农等四人编著的《万兽之灵：野生动物摄影书》（电子工业出版社，2014年）是一部系统讲述野生动物摄影理念、知识、技巧的著作。最近国内出版了诸多优秀的博物类作品，由于名额限制，这次我第一个想推荐的就是这部书。它此时出版，有相当的针对性，是及时雨。

此书图片一流，插页中的动物美得不得了；书中对技巧的讲解简明而实用，初学者借此可快速提升水平。但这不是最值得夸奖的。最特别的是，书中讲述了"自然摄影师的职业操守"，这对于起步阶段的中国野生动物摄影以及博物学文化的恢复至关重要。

如今中国人生活条件改善了许多，购买中高档相机的人越来越多，北京各大公园中都能见到一批批摄影爱好者，尾随着那些可怜的动物。各大保护区也不时迎来一伙伙专业或准专业的摄影团队。媒体甚至报道若干官员不惜借用公权力以表达自己对大自然、对野生动物的"心意"。这既是好事，也是坏事。好在，人们开始对野性的东西感兴趣，这相当于恢复人的自然倾向。人性中包含着自然性，人终究属于大自然，人在心理上对大自然有一种依恋，对其他动物天然感兴趣。坏在，由于宣传、教育不足，许多人对自己所喜爱的东西没有保持适当的尊重。我就多次见到很不文明的行为。有一次在海拉尔的一个国家公园中，从广东来的一大家子游客，手持高端相机用拳脚猛敲养动物的笼子，希望动物活跃起来，以便拍出动物的最美姿态。还有人为了拍鸟，竟然捉住鸟、把鸟腿用强力胶粘在或绑在树枝上摆拍。我也见识过某保护区经常在同一地点投食，以便观察、拍摄、研究某种珍稀动物。这些都是有问题的。

书中个性化的"花絮"很能打动人，甚至比规规矩矩的知识性更像"焦点"。如高新宇讲述的自然摄影中的黑镜头（66页），戴松放录音吸引猴子（158–159页），王放坠崖后沉着自救（187页），黄一峰雨林拍摄飞蜥蜴及其感慨（188–189页），唐志远对职业称呼的"计较"（280页），等等，与正文配合得当，可见图书编著者非常用心。作为野生动物摄影的教材，我的体会、理解可能是旁门左道。教材的主要定位是希望读者通过阅读这样一部书，知晓这一行当的各个方面，包括对设备的大致了解。

大家都同意，设备很重要。拍动物不同于拍植物，没有必要的装备是不行的。但是，对于野生动物摄影，比设备更重要的事情多得很，比如熟练操作设备、对大自然持续的热情、对自然美的独特发掘。

读了《万兽之灵》，我盼望人们不仅拍摄技术能有改进，拍摄境界也能有提升。

夹缝中的野性

　　博物学家向往荒野，其中一部分人还认同"野地里蕴藏这个世界的救赎"。不过，身居城市，真正的荒野不下一番工夫是难以访问和感受的。钢筋水泥的城市，其实并不缺少野性，顽强的生命被禁锢在无数夹缝中，有的还生活得蛮精彩。凝视着局促空间中的草木，我们的野性映衬在叶子和花朵里。关注夹缝中的植物，乏味的生活会更丰富一些。

　　这里结合本人最近拍摄的一些图片（此略），讨论城市植物博物学：如何观察、欣赏、监测城市夹缝中的草木，包括怎样记住它们的名字、知道其分类地位。

·导言：从博物的观点看

城市博物学有自身的一些特点，目前开发得很不充分。在城里照样可以观鸟、看花，修炼我们的博物学。生命无处不在，马路边、墙缝、砖缝、房顶、城市菜园、花盆、绿地、操场、广场等，到处都有植物，细心观察必有收获。对于中小学生、大学生，在城里也可以开展博物活动，有时不必去远郊、远方。

一、关注不起眼的事物

1.1 了解城市中相对显眼的植物：白皮松（北京长安街）、马褂木（北京的杂交种、南京的纯种）、榉树（南京）、狐尾棕、珙桐（清华大学、南京）、阔叶十大功劳（南京）、槭叶铁线莲（北京）、文定果（*Muntingia colabura*，毛里求斯、柬埔寨）、枫杨、荷花玉兰（清华大学、上海交通大学徐家汇校区）、枫香（长沙、成都）、枳椇（保定、南京、武汉、丽江宁蒗）。

1.2 也要关注不起眼的生命：榆树（北京）、构树、抱茎小苦荬（秋季的基生叶不要与蒲公英混淆）、中华小苦荬、苦苣、山莴苣、苹、槐叶苹、野大豆、旋覆花、乳苣（*Mulgedium tataricum*，北京大学承泽园）、黄鹌菜（东京、北京）、诸葛菜（北京、上海、南京）、天葵（*Semiaquilegia adoxoides*，南京）、龙葵、藜、巴天酸模、早开堇菜、独行菜、荠菜、豆瓣菜、地黄、附地菜、黄时钟花（夏威夷）、爬山虎（南京、北京）、水杨梅、绞股蓝（南京）、积雪草、酢浆草、月见草（日本）、活血丹、日本活血丹（日本）、蕺菜（东京、北京、秦岭）、独根草（北京奥林匹克公园的石缝中就能找到，当然是从山上来的）、葶苈。

1.3　城里不被注意的名贵植物：银杏（北京东单地铁站入口、伊利诺大学）、水杉（牛津大学、剑桥大学、北京大学）、绿檀（夏威夷）、菩提树（夏威夷、厦门、柬埔寨）、印度紫檀（夏威夷）。后者是名贵红木之一，其实它极易成活，在马路边的水泥缝中就能长出小苗。中国南方不妨多栽种一些。

二、城市物候记录和环境监测

2.1　承担起城市物候记录和环境监测工作。普通人可以了解大地的脉搏、律动；只要坚持，可以做得像科学家一样好。科学家通常不愿意拿出大量时间来做低效率的工作，而百姓可以。

2.2　留意城市菜园。在北京城也容易找到一些小菜园，其中的植物不同于城市花卉，它们可食、可观。走近菜园，至少能够了解一些北方蔬菜，知道它们在地里的长相。比如：紫苏、葱、蒜、秋葵、芝麻、葫芦、扁豆（在深秋花更盛）、胡萝卜、白萝卜、红薯、落葵、空心菜、丝瓜、红苋菜、油麦菜、茴香、芫荽（香菜）、茄子、芥菜、白菜、油菜等。

2.3 注意反常现象。掌握气温的变化规律，记录植物反季节开花等现象，如2014年10月17日上海交通大学闵行校区樱花、海棠、沙梨开花；11月2日初南京莫愁湖公园的贴梗海棠、西府海棠开花。通过长期观测能了解异常现象，洞悉大自然的征兆。人以外的生命对环境的变化可能比人更敏感，对异常现象的观测、描述和识别，有可能提前预测灾难的发生。

三、保持对外来种的敏感

博物学家首先要知道自己的家底，了解社区、家乡的物种和生态。在此基础上才有可能知道新来了哪些东西，哪些是不速之客、危险物种。外来种未必都危险，但一开始需要谨慎。

3.1 关注校园的"新客人"。学生读书之余可以多多观赏校园植物，及时了解物种的变化和生态的变化，培养一种爱好，毕业走向社会时就可能关心所在地的植物。稍大一点的高校，都应当编写、出版自己的校园植物手册，好处是多方面的。北京大学近年来薤白（小根蒜）、牛膝、半夏、鸡矢藤、苦苣菜数量越来越多。2014年9月19日我在校园中见到两种新植物：裂苞铁苋菜（*Acalypha supera*，据FOC）和蝎子草（*Girardinia diversifolia* subsp. *suborbiculata*，据FOC），前者数量极大，后者只有几株，它们不应该出现在校园中。我们可以猜测一些植物是如何来到校园中的，比如半夏可能与购买草皮有关。校园植物也有被破坏的。校医院旧楼拆毁，生长多年漂亮的栝楼随之被毁。图书馆北侧草地上的荔枝草刚长起来就被园林工人铲掉；静园草坪上美丽的葶苈年年被园林工人拔掉而终于消失（塞万提斯像附近还有一些）。2014年夏天，北京大学校园由于施工，损失了许多植物，如卫矛、马褂木（至少有四株大树活活被挪死了）、大花六道木、稠李、美洲稠李等。我本人也在校园中悄悄栽了些植物，如黄栌、黑枣、山杏、香椿、青檀、省沽油、花楸、野韭、蒌蒿、羊乳等，都是本土种；还在右手性的紫藤上嫁接了左手性的多花紫藤。

3.2 分析科学家的"贡献"。对于科学家所做的工作既要看动机也要看后果。许多城市植物的引进是科学家做的，当初的动机不能说不好，但是风险分析做得不好，也缺乏担当。科学家和决策者的眼界可能不够，考虑问题的尺度太小。比如在北京，鸡矢藤和火炬树的泛滥就有科学家的"功劳"。上海崇明东滩引入互花米草（*Spartina alterniflora*），也是一个教训。火炬树的引进并不久远，虽然秋季看着还不错，但它过分繁殖，在整个东北和华北已经无孔不入，许多人以为是中国自己的本土植物。抗日电影《紫日》和《红河谷》中竟然都出现了火炬树，算是"穿帮"，那时候中国还没有引入它呢。当然，指望电影工作者认真对待植物不大现实，顺便一提，《历史转折中的邓小平》中竟然让小平指着大丽花对孙女说是芍药。

3.3 进口货物夹带外来物种。随着全球化、国际贸易的日益发展，跨境物种传播已经不可避免。迄今，夏威夷群岛并无蛇，但难保明天一早就不出现。植物的跨境迁徙更容易实现，其中有一些容易造成生态灾难。我在河北宣化的高速路边上已经发现药用鼠尾草；我注意到加拿大一枝花已经长满上海虹桥高铁火车站；黄顶菊早已进驻河北保定，我已经连续观察了三年；我知道深圳深受微甘菊的困扰；我见证了云南、贵州被紫茎泽兰大量、快速入侵。首都北京已有豚草、三裂叶豚草、光梗蒺藜草、印加孔雀草出没。入侵我国的植物，相当一批是美洲的菊科植物。

四、如何辨识植物？

认识植物有许多方法，但没有通用的、简洁的方法。普通人修炼植物博物学，可以先熟记100至200种最常见的植物，知道所在的"科"。所谓的熟记，是指在一年四季中都能准确地认出它们来。这一百多种植物将是前进的一个重要"基地"，必须打牢。在此基础上，遇到不认识的新植物，要与已知的进行对比（对比可以是正式的，也可以是非正式的，有时只需要一秒钟，有时需要一天两天）。不要迷信科学家给出的检索表，要善于总结个性化的博物致知方法。比如鉴定香椿和臭椿，其实有无数种办法百分百区分开它们，不必等若干年香椿长出蒴果才能严格鉴定。如同我们识别某个同事，听话音、看背影甚至听一声咳嗽就能分辨清楚，不必做DNA鉴定。博物学可以借鉴科学，但一般而言本身不是科学，不必受科学（家）的束缚。

在信息化、网络化的时代，可以充分利用数字相机和互联网这些新工具，积累自己的自然档案，经常与同行交流。要善于询问，但也要约束自己不能张口就问。不动脑子就问，容易养成不良习惯，廉价的知识自己也不会珍惜。如果是自己经过猜测、鉴定出来的名字，印象会更深刻。鉴定过程中，自己也在成长。向他人询问植物名字时，要多角度拍摄清晰的照片，最好有叶、花、果的特写照片，要明确告知拍摄地点。一次询问的种类最好不要多于两种。

经常查对电子植物志是十分必要的，比如要记住《中国植物志》电子版的地址：http://frps.eflora.cn。一开始可能不会用、用不熟，多用就好了。

博物学家看到的蚯蚓

哈姆雷特说：没有蚯蚓，就无法创造出辉煌的文明。

当然，哈姆雷特并没说过。这句话是蚯蚓的赞美者、法国草原生态学家安德烈·瓦泽（Andre Voisin）故意编写的，他认为蚯蚓在世界上伟大文明的发展中扮演了举足轻重的角色。他发现，尼罗河流域、印度河流域以及幼发拉底河流域都有大量蚯蚓，这些地方伟大文明的崛起，很大程度上是因为土壤中有大量蚯蚓在劳作！

商务印书馆2015年1月引进出版的《了不起的地下工作者：蚯蚓的故事》，作者艾米·斯图尔特，以达尔文晚年的蚯蚓研究为贯穿全书的线索，生动讲述了我们貌似熟悉但又不甚了解的寡毛纲蠕虫蚯蚓的种种"事迹"，以及普通住户养殖蚯蚓的故事和注意事项。这是我读到的关于蚯蚓的最全面阐述。这类博物书在中国极少见，我相信中国的蚯蚓爱好者会非常喜欢它。它在中国的面世，必将导致更多蚯蚓著作的引进、撰写、出版，以及蚯蚓的更多养殖。

书中的许多记述，令人眼界大开。比如，蚯蚓讨厌芥末、洋葱、橙子皮、肉类、奶制品，喜欢香蕉皮、甜瓜、生菜叶、碎蛋壳；蚯蚓可以断肢再生，但并不是任意的；蚯蚓在地质历史上至少躲过两次大灭绝，一直繁盛到今日；解剖是准确鉴定蚯蚓的常规手段，这令人想起纳博科夫对灰蝶的解剖工作；大多数蚯蚓研究者都必须靠另外一份工作来养活自己，担任著名蚯蚓期刊主编的约翰·雷诺兹，为了生计曾找到第九份工作，他很享受担任卡车司机的工作，因为可以到处走动并收集蚯蚓；蚯蚓并非总有益处，外来的蚯蚓对于菲律宾梯田的水稻、明尼苏达州的森林却是有害的；大个头的蚯蚓超出了我们的想象，其体长竟然可达三英尺，但这样的巨型种类差不多都要灭绝了；作者认为，充分利用蚯蚓等自然物种而非化学制品的有机农业，长远看不但产品优质而且高产，人类回归有机农业是迟早的事；化肥也许能一时有效地养活作物、提高产量，但蚯蚓等提供的有机肥养育的则是土地本身，因而是更可持续的；我们的好奇心也许最终成为某些蚯蚓种类灭绝的原因；某种程度上，每位有机农民都是蚓农，菲利普斯认为达尔文似乎就是一只蚯蚓，他的著作是另一版本的《英国工人阶级的形成》（汤普森的著作），他向世人展示了蚯蚓的高贵品质及智力。

蚯蚓有智力？这不是对人类智力的公然侮辱吗？

某物有没有智力，是哲学辩论的好话题。蚯蚓这类与人相去甚远的动物是否有智力，结论某种程度上依赖于定义、偏好。哲学家们的看法不同，科学家、思想家的看法也不同。在博物学家看来，这不过是个分类问题，分类是主客观的统一。伟大思想家马克思曾说："蜜蜂建筑蜂房的本领使人间的许多建筑师感到惭愧。但是最蹩脚的建筑师比最灵巧的蜜蜂高明的地方，是他在用蜂蜡建筑蜂房前，已经在自己的头脑中把它建成了。"而《罗马帝国衰亡史》作者、著名历史学家吉本（Edward Gibbon）的看法却不同，他高度赞叹了圣索菲亚大教堂，紧接着又用大自然中一只不起眼的昆虫来嘲讽它："若将它与那爬到教堂墙面上的一只卑微的小昆虫的构造比起来，这人工物又是多么蠢笨啊，简直是毫无意义的穷折腾！"谁讲得有道理呢？都有道理。

博物学家容易有"齐物论"的想法，可能不会很欣赏马克思那种与柏拉图一脉相承的理性自负、人与其他动物之间的截然划分。人是理性动物，人会劳动、会预测，有自我意识，那么人以外的动物呢？蚯蚓呢？不要急于作出判断，长时期仔细观察外部世界，会让高傲的人类变得谦虚，命题的真假可能真的并不很重要。特设性的定义反映人的偏好。"智力"是相对的东西，智力的存在并不需要以"自我意识"的存在为前提。抛开概念争论，人类的确需要向蚯蚓表达敬意，它们为生态平衡做出了贡献。我同意作者艾米的一个结论：蚯蚓在地球上的存在，在大自然宏伟计划中，也许比我们人类的存在更加重要（92页）。

达尔文晚年身体非常虚弱，但一直坚持研究蚯蚓，1881年他最后的一部科学著作《蚯蚓》出版，第二年他就去世了。艾米用相当大的篇幅介绍了达尔文所做的观察、实验、结论，讨论了达尔文之后的许多博物学家在达氏著作基础上所做的工作。当然，达尔文的著作名不会只有两个字，书的全名叫《蚯蚓习性观察及经由蚯蚓作用的腐殖土形成》。此书主要关注两件事：（1）蚯蚓的习性、行为；（2）腐殖土的形成。艾米的介绍使更多人了解到蚯蚓研究的历史、现状、遇到的问题。不过有一件事让我很奇怪：艾米没有提吉尔伯特·怀特（Gilbert White），就像达尔文的著作没有提怀特一样奇怪。

在达尔文之前一百年，同是英国博物学家的怀特就仔细观察过蚯蚓，1777年5月20日怀特写道：

"最不起眼的昆虫或爬虫等，影响却很大，于自然的家计，关系是匪轻的。因为小，故不为人所重，但数量多，繁殖力也强，所以后果是大的。以蚯蚓为例，在自然的链条上，它似是不足道的一小环，而一旦丧失，则会留下可悲的缺口。且不说半数的鸟和一些四足的动物是以它为生的，单就它本身来说，似也是植被的大功臣，少了它的打洞、穿孔、或松土等，则雨水不能透，植物的根须不能伸展；少了它拖来的草茎、细枝等，尤其是它攒起的无数的小土堆、即人称蚯蚓屎的，则庄稼与草地，便少了好肥料，故而长不好……

"我们谈这蚯蚓的点滴，是想抛砖而引玉，使性好求索、敏于观察的人，去从事蚯蚓的研究。

"一篇好的蚯蚓专论，会既给人兴味，也给人知识的；在博物志上，将开辟广阔的新田地。"

在另外一处，怀特生动描写了蚯蚓的习性："它不冬眠，冬季无霜的季节便爬出来；有雨的夜晚也四处爬，由蜿蜒于软泥土上的痕迹可知，它或是出来找食物的。／夜里来草地上的蚯蚓，身子虽探出老远去，但不离开洞子，而是尾巴梢扎里面，稍有风吹草动，即仓皇土遁。这样往外探身子时，它仿佛逮住什么吃什么，样样吃得香甜，如草叶、稻草，或落下的树叶等，它常把它们的末梢拖进洞里。"（以上两处引文据《塞耳彭自然史》［＝塞耳彭博物志］中译本，花城出版社2002年，315-317页；455-456页，据英文版略有改动）

怀特对蚯蚓的观察与描述是惊人的，对蚯蚓在整个生态系统中所扮演角色的认知更是惊人的。怀特提到了"存在之链"，链条上蚯蚓地位卑微，却有其不可替代的位置、作用。对这个世界没有足够观察与体验、缺乏敬畏之情的俗人，难以领会怀特的宗教情感。抛开宗教，从科学的角度看，怀特也是重量级的人物。当代的一些学者要么无知要么昧着良知，抓住一点不计其余，研发并推荐使用各种农药喷洒农田、花园，杀死了在生态中起重要作用的蚯蚓和其他生命，造成土壤结构破坏与功能退化。从生态学、生态文明的角度看，谁"更科学"、更高明，答案是显然的。但是，我们的主流文化经常无视这种平凡的真理。

就思想史而言，怀特的蚯蚓观察是超前的，他的研究启发了达尔文。怀特期望的"蚯蚓专论"也的确由达尔文于1881年完成了。之前，1837年11月1日达尔文在地理学会也报告过一篇"论腐殖土的形成"。四十多年来，达尔文一直在研究蚯蚓的习性。戴斯蒙德曾说：达尔文研究卑微者可以解释许多重大问题（《达尔文》，上海科学技术文献出版社2009年，503页）。达尔文并没有提及怀特的先趋性工作。达尔文不知道吗？不知者不怪吗？非也。达尔文非常熟悉怀特的观察并且很羡慕怀特的《塞耳彭博物志》，却没有给其credit。这一点非常不好。如果说达尔文与华莱士之间关于"自然选择"优先权的处理还说得过去的话，关于蚯蚓探究优先权的糟糕处理却无法申辩。也许对于老态龙钟的达尔文，不必太苛求。

《了不起的地下工作者》信息量大、叙述生动、译文流畅。编校上有若干小毛病，列出若干，希望重印时改正。

7，8页："韦奇伍德叔叔"，应当是"韦奇伍德舅舅"。

5，9，56，97，146，179，204，242，257页：达尔文同一著作中译名不统一。

12页倒4行："富饶"，改为"肥沃"更好。

40页末段："世界上各大陆有着平行的海岸线"语义模糊，内容读着不够连续，上亚马逊网站搜索到相关的英文段落，发现漏译了一个从句 that might have been connected at one time。其实原文段落想表达的意思很简单：那时就有学者注意到大陆边缘有几分相似，猜测海岸线以前可能一度拼接在一起。但魏格纳的大陆漂移学说直到1912年才得以发表，而此时达尔文已去世三十来年了。

59页倒10行，"杜鹃"，准确说应当是"杜鹃花"。

95页：中间拉丁名两边的括号应当去掉，因为学名并没有译出。

137页脚注，week，应当写作Week。

233页倒3行："如何处"，应当为"如何处理"。

第二编

花 | 草 | 时 | 间

约会大花杓兰

陟彼百花，

言觅其兰。

未见君子，

我心伤悲。

亦既见止，

亦既觏止，

我心则夷。

（2005年6月23日于北京）

注：1998－1999年访问美国期间，见某日《纽约时报》大幅面刊登大花杓兰（*Cypripedium macranthum*）彩色照片，美丽异常。据悉，此株植物由美国西雅图一园艺爱好者（好像于美国中部一所大学拿到了园艺硕士学位）采自我国云南，后移植至美国西北部其私人植物园。其时，顿生一念：回国后必当近赏此野花。2003年6月13日出300元于北京地铁苹果园站打"面的"前往北京门头沟百花山，恰逢大雨，全身尽湿，未见一丝大花杓兰踪影。2004年7月31日再登百花山，仍然不见大花杓兰。相关描述参见《人与自然》杂志2004年第10期拙文。2005年6月15日12时独自一人由北京西三旗驾车前往，登上高山草甸，17时左右终于如愿以偿。灼灼其华，亭亭玉立，甚慰求思切切之心。用数码相机记录下大花杓兰美丽的倩影。不过，此次赏杓兰也额外付出了代价：山路险峻，驱车下山时差点翻车。已有一轮腾空，车体摇晃，急忙跳车逃生，算是捡了条性命。改《诗经·国风·召南·草虫》如上。陟：音"志"，登高。君子：原指女诗人的良人，即男朋友。这里指大花杓兰。既：已经。止，助词。"亦既见止"相当于"终于出现了"。觏：音"够"，原指男女相聚。此处喻赏花人与对象终得相见。

变脸

海淀瞰北大，
娄斗难觅桥。
往昔郊野阔，
处处见青苗。
辗转三十载，
乡间变闹朝。
糊涂高塔在，
喜鹊唤鹧鸪。

（2013年11月29日于北京大学未名湖）

凤山泡汤

库角温泉靠凤山，
花溪池岸蜡梅鲜。
一方卵块贴枝杈，
想像螳螂五月连。

（2013年12月25日于北京昌平凤山）

注：北京十三陵水库东南角有热汤，倚靠凤山南坡，名唤凤山温泉。露天部分依山挖有
若干小池，其中花溪池边的三树蜡梅在热水的作用下在寒冬岁末提前开放，散发着清香。
泡在池中抬头观花，发现枝杈上附着一块螳螂卵。等到明年春夏之交，卵块就能孵化出
上百个小螳螂，它们首尾相连，将爬满枝头。

未名湖之秋

今朝柃叶飘寒信，
又见平湖波皱频。
最美一年秋色里，
燕园银杏抖金鳞。

（2013年11月6日于北京大学未名湖）

北京的迎春花

弧形的枝，

带棱的茎，

唢呐形的黄花，

没有绿叶，

实话说，你并不雅致。

可是，我在停车后打开车门的瞬间，

你突然呈现在眼前，

在重霾之后，

小区的霾，京城的霾，华北的霾，中国的霾，

物质的、非物质的………

除了蜡梅，你是第一个开放的花，

馒头状很挫的你，若称不上美丽，

这大地上还有什么配合这一名称？

积蓄能量的迎春花，

2014年2月28日的迎春花。

我等了近半个世纪，

等着那春天。

（2014年2月28日于北京西三旗育新花园）

草木之神性

草木具有神性，

显而易见。

不是指算命先生摆弄的蓍杆预测，

不是指江湖医生操作的神草医病，

不是指家具商眼中的红木硬木，

也不是指生物学家的什么生态抑或固碳！

神性在于生命演化之精致，

在于我与它日日相处，

在于生活世界充盈着的清香。

神在，我在；

我在，神在！

（2014年7月4日于北京西三旗育新花园）

博物自在

（十六字令两首）

闲，自在平凡驻世间。
承天露，看草又一年。

闲，勿碌浮生慕贵权。
慢回首，快意满山川。

（2014年8月3日于北京延庆松山）

第三编

书 | 缘 | 对 | 话

鉴宝、挖坟及其他

摘要：

三套书偶然相遇/博物学视角与科学史写作的关系/鉴宝与挖坟/如何欣

赏工艺品与上帝的造物/外出旅行看什么？

主持人： 大家下午好！今天上海交通大学出版社将博物学文化、万物简史和博物馆之旅这三套丛书放在一起举办一场发布会。有幸请来了两位重量级的教授嘉宾，一位是上海交通大学江晓原教授，另一位是北京大学刘华杰教授。两位嘉宾将以对谈的形式大约讲解45分钟时间，余下的15分钟媒体记者和读者都可以提问。有请两位嘉宾。

刘华杰： 大家好。摆在面前有三套书，粗看可能觉得没有什么内在关系，实际上是有的，都属于广义的博物，和博物学有关系。博物学有复兴的迹象。我们一些同行为此呼吁了很长时间，现在终于看到一线曙光。大家到本次图书展销会转转，会发现很多博物类的图书，在若干年前这种现象并不明显，不知道江老师是否同意这个判断？

江晓原： 博物学形成了一个小浪潮，大概最近几年人们对博物学的兴趣又恢复很多，其中刘华杰教授扮演了一个非常重要的角色。刘华杰教授不仅走在前面，比较早地"鼓吹"要复活博物学的传统，而且华杰的认识有高度、有深度。深度我们今天来不及讲了，他亲自做博物学的工作。这个书，另外还有一系列书就是刘华杰直接扮演了博物学家的这么一个角色。而这个高度，我们是可以谈谈的。这本书是《博物学文化与编史》，试图从理论上提升博物学的价值，我们在这里面甚至讨论到了有没有可能在博物学的纲领下编一种新的科学史，这是在博物学复兴的浪潮当中，又走在前面的，思考有相当的高度。所以，刚才刘华杰说的现象，我当然是同意的。我觉得这个还可以认识得更深。这里面还有更多可以发掘的东西。

华杰，这个讨论是你发起的，现在可以谈谈了，为什么你这里把它叫做编史，这个事情和编史有什么关系呢？分享一下你的想法。

刘华杰：这个场合不大适合讨论比较学术的问题，简单说两句吧。博物学包含了很多层面，最简单的一个层面就是吃喝玩乐。普通百姓日常生活当中积累了丰富的博物学知识，有悠久的历史，成千上万年，只是史学家们长期不太重视这一块，现在开始重视了，而且有理论的支撑。理论主要来自于新型的编史学、哲学中的现象学。现象学比较复杂，我们点到为止。编史学是江晓原、刘兵老师关注的领域了，它直接关系到我们应当如何书写历史，有哪些原则。以前我们学到课本上的科学史为什么是这般面貌，现在学者们为什么不满，为何要重写，这就涉及我们对世界、对历史、对生活的价值观。什么样的科学是好的？什么样的科学是重要的？什么样的生活是好的？这涉及编史者的价值观的导向。人们发现以前的历史书不能令人满意。比如，历史上有很多重要的人物和工作在现有的科学史著作中没有反映出来，而数理、力量型的写得太多了，比如伽利略、牛顿、奥本海默都写得很多，做实验的科学家写得也很多。对重要学者、博物学家、科学家卡逊写得不多，有的甚至不写她。但是以博物的眼光来看，她的思想和做法十分重要，篇幅要增加，不是写一小段，而是要写2页、3页或5页，甚至可以超过爱因斯坦！行吗？有什么不行的，关键看编史的理念是什么。我不知道大家是不是明白了我的意思。

编史的观念一换，人们就可以看到不同的历史景象。正如关于抗日战争实际上也存在不同的叙事版本一样，科学史也一样，可以写出不同的科学通史书。过去，实证主义、科学主义、科学实在论的观念妨碍人们从多角度理解丰富的科学史。

江晓原：实际上不仅仅表现在写科学史的书上，其实它涉及我们对科学这件事物的形象的塑造。以前在旧的科学传播的影响下，我们把科学塑造成在现在教科书里常见的形象。刚才刘华杰的意思是说，如果我们接受了博物学中的某些思想作为纲领的话，我们就有可能写出一种不同的科学史，意味着我们把科学的形象要重新描画。实际上，科学的形象本身就是建构的。我们以前老觉得科学的形象好像是一个客观的存在。它不管你描不描绘它，它都是这样存在的。科学的形象是可以重构的。我们现在脑子里习惯的形象是前人的描绘，如果我们复活了博物学传统，可能会看到另外的历史风景。

这里我还要补充一点，早先的时候，我们对博物学传统其实是有偏见的，我们觉得博物学无非就是认一些植物啊，昆虫啊，或者是把它们搜集到博物馆里，它都表现为科学研究的初级结果。先收集事实，然后再去研究。这种想法在以前的科学图景里面。所以很多人轻视博物学，觉得科学已经到了一定的高度了，初级阶段的就没有什么必要了。实际上，虽然过去一两个世纪中科学确实是这样发展的，但是今后我们若想让科学更好地为人服务的话，还需要重新回到博物学这一块。历史上种种博物学探究也并非都汇聚到今日的科学成果中。有了不同的编史想法，就有可能揭示很多在原来没有触及的东西。

刘华杰： "博物学文化"这套书里有一本《约翰·雷的博物学思想》，作者熊姣，她的工作很重要。约翰·雷很多人可能没有听说过，但是在历史上他是和牛顿并驾齐驱的人物。牛顿为什么传播得这么好，约翰·雷为什么传播得这么差？这与对历史的看法有关。博物学家约翰·雷是英国的植物学之父，除了植物，对地学、宗教都很有研究。那个时代还不存在现在意义上的分科之学，现代的分科之学是从19世纪甚至是20世纪以后才建立起来的。他在学术层面，在历史上，发生了实际影响，而我们后人把他忽略了。约翰·雷这样的学者，视野非常广阔，所从事的研究和其信仰、宗教观念有密切联系。而不是像现在的科学技术中，某些人所做的东西和其信仰一定程度上脱节，甚至和伦理观念脱节。

熊姣的研究至少使中国人有机会了解约翰·雷这个人，此前中文世界中能够找到的涉及约翰·雷的文字实在太少太少，出版这部书的意义是非常明显的。其实亚里士多德、老普林尼、格斯纳、林奈、布丰也一样，我们了解得太少。过去的编史学理念遮挡了人们的视野。

江晓原：对于科学的印象还可以多说两句，比如刚刚说为什么约翰·雷地位那么低，牛顿地位这么高，实际上这本身就是原有的观念造成的。我们以前在描绘科学的形象的时候，一方面我们有的时候出于教学的方便，虚构了一个科学的例子和他的形象，为的是让课堂上的学生更快地理解和掌握这些原则。所以我们为了教学方便而建构的一些科学的形象和故事，不一定是科学史上真实的；是为了教学方便，建构了一些虚构的。另一方面还有一种观念在起作用，很多人觉得科学本来就在不断试错的过程中前进，科学是走过很多弯路的，中间也有很多很奇怪的事情。但是当我们讲科学历史的时候，刘华杰刚刚说是我们忽略了约翰·雷这样的科学家，其实我觉得不是忽略，而是故意地过滤掉。我们把很多科学历程中的历史部分都过滤、隐瞒起来了，就好像我们介绍一个人的时候他其实经历非常复杂，但是我们把复杂的东西过滤掉，我们就说这个人多么好，好人好事找了很多给你讲。以前就是这样做的，以前的科学史也是这样写的。现在当然虽然研究得深入，大家知道光是这样讲是不够的，那么历史上很多被屏蔽掉的东西，在新的研究当中被重新发觉出来。这是另一个角度使得博物学有价值，约翰·雷这样的人，他可能在刘华杰心目中是一个很重要的人，让他写的话可能会写得比牛顿的篇幅还要大，我们充分讨论过写这样一部科学史的价值和意义，这样的科学史如果写出来的话，也是很有意思的。我不知道你是不是打算写？我觉得可以考虑一下。

刘华杰：博物视角下的科学史，别的先不管，肯定很好玩、很有趣，可读性较强。博物学门槛不高，不会上来就讲微积分、微分方程、张量、量子场论之类，会从人们日常生活讲起，怎么通过观察、分类、描述等博物活动推进人们对世界的了解、对外物的利用。要特别强调科学史与百姓生活的相关性，不能特别在意精英史。历史上的博物学家是非常非常多的，类型也多样，博物学作品的数量跟数理科学作品、还原论实验作品的数量之比有多大呢？请大家猜一下，博物学家的作品加起来有多厚？牛顿、麦克斯韦、爱因斯坦、吴健雄、克里克、沃森的科学著作加起来有多厚？粗略估计一下前者是后者的几千倍，甚至更多。

但是在过去来看，数量多不说明问题，反而输分。量大被认为含金量不足，价值不高，十斤赶上人家一斤，一大堆赶上人家几页！现在的看法更公平一点。很薄的精华，固然值得重视，而那些杂乱的大堆东西也并非垃圾。博物学意义上个人知识、地方性知识（IK或LK）可能不大成体系、逻辑结构也不精致，但非常重要，是实实在在的知识。

博物学史上那么一大堆东西，包括纸面上保存下来的、器物上存留的也包括口头上世代传播的，是千百年来人们观察、整理、描绘、检验过的东西，很宝贵，它们更贴近人们的日常生活。博物知识与百姓日常生活深度结合。反过来可以反问一下，历史上有多少人是靠牛顿力学、微积分、机关枪、原子弹、氢弹、火箭、航母生活的？

博物学家中只有个别人出名。最有名的博物学家就是达尔文，和他一个时代还有华莱士、伍德（John George Wood, 1827–1889）等，现在名声比较大的是哈佛大学研究蚂蚁的威尔逊。像刚刚提到的卡逊，也是博物学家，具体讲是海洋博物学家。卡逊的思想并非一开始就被科学界、政府所认可。现在科学史书中会提到卡逊，但许多宣传卡逊思想的人也没有认清她的博物学家身份。吉尔伯特·怀特、缪尔、利奥波德这些伟大的博物学家，在一般的科学史著作中根本就没有地位。

江晓原：现在国内至少出过一本卡逊的海洋传，碰巧我知道那本书——大陆中文版的序是我写的。

刘华杰：多数中国人认为，卡逊是一名科学家、作家，但是没有讲她是什么类型的科学家。在20世纪60年代的时候为什么是她这样的科学家发现了环境问题，而不是其他科学家发现的呢？我想强调的是：卡逊不是一般的科学家，她是一名博物类的科学家，她看世界的方式和其他的科学家看世界的方式是不一样的。当时她的思想是非主流的，主流学界抵制卡逊的看法，那些农药大企业更是恨她恨得要命。甚至有人骂她有毛病，认为这个老处女不懂科学。但是到了70年代形势变了，社会、政府意识到污染问题的严重性，卡逊的思想得到主流世界的关注。为什么卡逊这样的人能够看到、发现其他人看不到的问题呢？我们一般容易事后诸葛亮。污染问题早就存在了，如果不想看，本来有也看不到。问题是，我们现在怎么能看到、意识到明天才有可能被认为理所当然的严重问题呢？这是需要想象力的，需要理论思维的，博物学在这方面有可能有自己的用武之地，因为博物学注重传统、视野开阔，以宏观的普遍联系的方式看世界，与用试管、显微镜、解剖刀、粒子加速器、计算机数值计算的方式看世界是不一样的。我不是说博物学不在乎实验和计算，只是侧重点不同罢了，博物学也进行实验、也使用数学工具。博物眼光有自己的特殊性，应当得到尊重。

江晓原：我觉得在博物学传统沉寂的时候，博物馆这样的活动在西方也一直在进行。也继续往博物馆里收集很多东西，比如说万物简史里这一套丛书讨论的，这样的活动其实也一直是存在的。这种活动后来已经逐渐把它跟科学合理化了。收藏已经不算科学了。比如说你去参观博物馆看看这些奇异的藏品,或者你看这本书,和科学研究已经变得很远了。当今天我们重新想发扬光大博物学传统的时候,你觉得这类活动和科学之间的联系还能重新建立起来吗?

刘华杰: 要看人们想要的科学、目标中的科学是什么模样了。首先,当下百姓有一定经济能力和闲情琢磨、收藏一些东西,比如说玩玩手串、石头、玉器、核桃等,电视台出现了各种各样的"鉴宝"活动,这是中国式小康生活的标志。这其中有自然科学的成分,一般讲它属于广义的博物活动。不过,有一点做得不是很好。很多电视台做鉴宝节目眼睛更多盯着某个东西值多少钱,比如说参与者拿一个瓷碗、瓷瓶、鼻烟壶、玉器,一定要让专家说出这个东西值多少钱,2万、3万还是40万。专家说得越高大家越兴奋,如果专家认定是仿品或者大路货,情形就不太妙,甚至有当场开砸的,这样一来博物的层次就太低了。鉴宝节目应在美学上、工艺史上、博物学上下工夫,要引导观众欣赏某个古物、文玩,了解材质、工艺,讲解它为什么漂亮、有趣,为什么有价值,要讲它的传承历史。这样做有一定的难度,但导向上是对的。可惜我们的电视节目的策划人没有意识到,没有往这方面来做。将来也许可以往这方面引导。

交大出版社引进的《箱》这本书,是一个日本人写的,书中写了各种各样的箱子,很有趣。何谓箱子,简单来说就是方形的东西上面没有盖（有时也有盖）的一种收纳容器，作者写的并不只是价值连城的皇宫用箱子。他写的是各种各样的箱子，以及如何制作，这种书非常有意思。这不就是和谐的小康社会应积极进行讨论的东西吗？媒体可以把这类东西做得有文化一点，不要光盯着值多少钱。

科学的形象可以再造，否则它就不配享有那样的地位。有时我乐观一点，有时则悲观。

江晓原：鉴宝活动很多电视台都有的，我不看电视，但是有的人特别喜欢这种东西，兴趣非常大。反正我对这种节目的评价是很低的，除了刘华杰说的，最后都落实到钱上还不算，那里是没有任何博物情怀，完全是市场化的事情，一个估价，然后讲一点祖上传下来的故事，最后鉴定师说这个东西是假的他就很失望，如果是真的就很开心，而且真假事实上非常难说的，文物界的鉴赏绝对不是纯客观的事情，不可知的事情有很多。我想起另外一个和我们书有关系的故事，最近大英博物馆正在展出《女史箴图》，是东晋顾恺之画的，最初是被八国联军的小军官从圆明园偷回去的。就在家里放着，这个小军官死了以后，他的后人拿这卷《女史箴图》去找大英博物馆估价。他要估的只是卷轴上的那块玉而已。大英博物馆里面确实有懂的人，一看这卷东西很好，就跟他说了，几十镑，你把这个卖给我吧。所以现在这幅图就藏在大英博物馆，他们花几十镑买的。

刘华杰：我插一句，大英博物馆收藏了一幅很长的谢楚芳1321年绘制的《乾坤生意图》。大英博物馆评定它极有价值。画的是什么呢？就是大千世界的秋葵、竹子、蝴蝶、蚂蚱、蜜蜂、蜂巢、蛤蟆等，展示的是一个复杂的生机勃勃的生命世界。它是元代的中国画，老外很看重它。但中国艺术评论家对此画并不很看好。中国人研究美术史有另外一套办法，有自己的一套评价体系，一般的博物画并不被看好，古代花鸟画也不是显得特别重要。那么我们主流美术史的观念是什么呢？他们用什么观念来看历史、艺术、生活呢？为什么人家认为重要，我们认为不重要呢？现在从博物学的角度来看，中国宋代、元代、明代有没有非常优秀的博物画呢？有！非常多，画得非常好！有完全不亚于西方画家的优秀作品，而且我注意到我国的画家往往不是只画一种孤立的百合、青蛙什么的，他们经常画生态系统，一般是把某物放在一定的背景下展示出来，这个和中国人看世界的方式、生活习惯、人与自然的关系等，是有关联的。今年我招收了一名有自然科学背景和博物情趣的博士研究生专门研究古代的博物画，希望他不受当下美术史观念的束缚，尽可能从博物学的角度探索古人的自然观念、人与自然的关系。在他入学前我就让他仔细读托马斯的《人类与自然世界》。

江晓原：你说的这个是中国的传统。在中国的本草系统中，有对各种各样植物的描绘。它要教你哪些植物是可以吃的，这类古代的书籍，你是怎么看的？

　　刘华杰：叫本草的，种类也不全一样。朱元璋的第五个儿子朱橚编了《救荒本草》，那时是公元15世纪初。以前中国有草药学的传统，其他一些国家也有，称本草。但《救荒本草》有所不同，目的不是治病而是吃饱，它告诉百姓大灾之年吃哪些植物可以保命，吃之前如何鉴定或者加工。与现在一些人为了改善膳食结构、吃点生态的野菜是不一样的。那时候的中国知识分子已经有那种关怀，花大力气来为百姓写作，而且做一些栽培实验，非常不容易，境界是颇高的。《救荒草本》在中外影响都很大。中国古代的本草书，相对于中国古人的生活而言很重要，现在看也很有趣，是一笔文化遗产。当然，这里面有一些也不靠谱，包括李时珍的书的部分内容。

　　江晓原：其实西方的博物学传统，比较注重实用这一层。特别到了后代，外国的传教士在那里画当地的植物。它是一个标准，也可以把它看作是某种经济情报。

刘华杰：我们从一开始就在说博物学的好话，好像博物学好极了，没有什么不好的。我们也要提醒自己和别人，博物学同样干过坏事。［指着刚出版的一部新书］看过这本书就知道大英博物馆为什么有这么多的藏品，差不多都是抢来的，这和资本主义扩张是有关系的。这个是不容忽视的，不能说博物学全都好。

江晓原：我觉得这个说法不对，从别人那边抢文物不好，但不能纠结于博物学。抢这件事是不好，但是他抢来了之后他知道把它放到博物馆里面陈列，还知道保护研究，起码这件事到后半段还是好的。所以你举的例子仍然可以看成是博物学的好的一面。至于他们是抢来这点是不好的，这和博物学不一定有直接关系。况且这一点现在也会有人说如果这个东西不抢来放在原来的国家早就破坏掉了。

刘华杰：我不完全同意，不能"好的归博物"。"没有买卖，就没有杀害"。如果文物没有这么嚣张地被倒买倒卖，就不会有那么多恶人挖人家的坟地。现在不仅是普通盗贼，政府也抢着挖坟了。陕西省某些机构不断地打报告要挖这个坟那个坟。挖掘和倒卖古生物化石的情况也差不多。太急了，急什么呢？许多文物挖出来后没法保存，要挖也得给子孙后代留点机会吧。中国现在文物走私盗抢已经达到了相当的程度。而且恶行已扩展到当下名人的手稿。这涉及过分炒作，名人家属也参与炒作，这不是一个好的导向。

江晓原：一件事没有绝对的好坏，包括文物的流通，我们用一个中性的词汇叫做流通，这个流通当然包括了挖坟、倒卖、买卖，如果从国家政府来挖就是考古挖掘，如果私人来挖就是盗墓。这本身也有积极的一面，这个积极的一面恰恰就是提升了这些文物的价值。或者是展示了这些文物，文物的价值在你的研究当中得到提升，如果他留在地下就没有价值了，人家也不知道。所以有的时候这个事情也可以一分为二，但是我觉得不要急着挖，慢一点挖是对的，因为你现在消化不了这么多，都是急着要挣钱。

　　刘华杰：认知要服从伦理。当下的活人对文物、收藏品的价值判断是相当主观的。纳入博物馆的收藏当然重要，特别是一些稀有的青铜器之类的，那么青铜器就一定比瓦罐重要吗？不一定，要看从什么角度来判断。也许那个瓦罐、瓷片比青铜器还要重要，甚至一根毛发、线头也要比青铜器重要。当下之所以青铜器的价格那么高，是基于某种理念、价值观。比如，它材质坚硬，形状特别，跟政治、宗教联系在一起，人们赋予了它特别的价值。以前博物馆收藏东西，特别看重与政治、宗教、科技的联系。现在博物馆收藏理念也在发生一些变化。实际上早在19世纪，就有学者指出来某个东西不要轻易搬离它的原初地，不必都搜罗到大英博物馆或者别的什么博物馆中。要放在原地，让百姓，世界各地的人民去欣赏，就像中国的大熊猫一样，不要随便借给这个国家那个国家。大熊猫是中国的，老外喜欢，就来中国看吗，也能拉动中国的市场。

我想说的要点还不在这儿，不在人工物。人们要学会欣赏非人造物，即学会欣赏大自然的作品。工艺品、文物再好，是人工品、人造物。广义的博物当然也考虑人造物，但狭义的博物只在乎自然物、"上帝"的造物。上帝的造物与人的造物有何区别呢？区别大了！上帝的造物是自然演化而来的，时间上就差别甚大。人们容易承认慢工出细活。我说上帝的造物并不代表我信基督教，我什么教也不信，想信也信不了。上帝的造物是什么呢？是大自然上亿年缓慢演化出来的。上帝的造物到处都有，出了展览馆、博物馆的门就能看到！它们同样珍贵，甚至比青铜器还要珍贵，我们观察小草就能理解演化（进化）的含义，就能发现世界之美。

总之，博物学家试图改变对物品、自然物的价值判断，要学会欣赏上帝的造物。当然我们也不能蔑视人类的造物。

江晓原：你说的这个境界最起码要在博物学上初步地修炼一段时间之后才会有。可能会有人认为一株小草怎么会有价值呢？确实要在博物学上沉浸一段时间。

主持人：我们请上海交通大学出版社韩社长讲几个编辑这套书的有趣故事吧。

韩建民：这三套书走到一起，看似偶然，这里还真有故事。《万物简史》这套书是我们去东京书展确定引进的。在东京书展我一下子看到这套书，有好几百本呢！我说太好了！这些书也可以算博物学，与新型科学史有关。我拿到以后，当时某出版社的总编说，他参加了五六年都没有看到，你来了两个小时就看到这套书了。更有意思的是，赵斌玮是我们当时的导游，他硕士毕业。我一看这么帅，素质又好，就把他引进到我们出版社当编辑了。最后这套书的整个策划都是小赵做的。更精彩的是，博物馆之旅丛书中有一部是一个导游写的，作者李惠现在是一名牙科医生，当时她是硕士。我们到圣彼得堡的时候就想做一套博物馆之旅丛书，李惠的文笔还是很好的。我们就跟她约稿了，稿子写得还不错。这两套书都和旅游有关系，和导游有关系。我们说读万卷书行万里路。刘华杰教授的书也有故事，我跟华杰是老朋友，不在这里细讲了。

两位教授说得非常好，希望大家喜欢这三套书。还有一个，今天上午有一家大学社社长到交大出版社展台，看到我们有很多好玩的书、有意思的书。实际上这方面以前是我们的弱项，所以我们加大力度。做出好书来，才是一个出版社最大的成就。要做一批好书，大家感觉好玩、有收获，才重要。

主持人： 接下来是提问环节。

粉丝： 我们的这些国宝，都被八国联军或者偷或者抢了，现在我们是不是能向他们主张我们的权利，而且也并不是我们国家首先提出来的，希腊和英国早就在交涉当初被他们抢去、偷去的文物了，就是这个建议。

江晓原： 向这些老牌帝国主义列强索要文物这件事世界上很多国家都做过，特别是几个古代文明的国家，埃及、巴比伦、希腊等，也不时会冒出有关这种事情的新闻来。但是总的来说这个事情希望是很小的。第一列强是不可能给你的。第二他当时拿走的时候，或多或少他也是有依据的，我们今天说他偷的抢的，这个说法实际上我们更多是一个文学修辞，比如刚刚说到的《女史箴图》，他说我合法购入的，不叫偷啊抢啊，最多只能指控他购买赃物。另外还有一些大型的东西，比如说欧洲博物馆的一些巨大的雕像什么的。西方考古学家在运走的时候，有些也是得到当地政府允许的。

主持人： 要讨论这个问题真的是非常长了，也许是政府该管的事了，我自己有一个问题，当时选这些作品的时候是基于什么理念来做博物学的丛书呢？里面有一部《纳博科夫的蝴蝶》，纳博科夫在博物方面的成就我们知道的非常非常少，希望刘老师给我们"剧透"一下。

刘华杰：我们选的书有一阶和二阶的，什么意思呢？场下踢球的是一阶的，台上看球的和教练就是二阶的。二阶我们今天不说了，我们说说一阶的东西。为什么要自己走出户外观察蝴蝶，观察小草，去登山呢？这个事情和我们每个人都有关系。

刚刚提到纳博科夫，他是非常有名的文体学家、作家、文学教授，他还有一个本事，做一类小个头蝴蝶的分类！他的分类水平是世界一流的，他是杰出的鳞翅目昆虫学家。他既在文体学上有创新，写出了多种非常有创意的文学作品，又在蝴蝶上花费了几乎是毕生的精力。他有双L身份，一个L指文学，一个L指鳞翅目昆虫学。他在研究蝴蝶的过程中有很好的精神享受。他认为进行博物探究对他个人有好处。我们为什么要推广博物学呢？对我们个体来说有好处，有利于身心健康；群体上有利于国家、民族的可持续生存，有利于改进人与大自然的关系。

粉丝：我想问一下，博物学是不是科普的意思，它和科学研究的界线在什么地方？

刘华杰：博物学不等于科普，也不等于科学。博物学不是科学的真子集，当然有一定的关系。科普有它的政治使命，我们看一根小草有什么政治使命？

江晓原：我觉得是这样的，把博物学看成科学的一部分，广义来说是可以成立的。但是我现在更愿意把博物学看作一种介于科学和人文之间的一个东西，它是一个边界上的东西，因为我们把那些能够做实验的，能够用数学工具描绘它的规律的称为科学；博物学不是这样的。博物学肯定不等于科普，但是科普里也可以普及博物学知识，本来也是相容的，当然本来就没有什么政治使命。

刘华杰：著名的文学家梭罗是博物学家，他对种子有很好的研究，但是他不是一般意义上的科学家。卢梭和歌德也类似。法布尔是作家、博物学家，但是也不能算标准的科学家。这几个人写的东西，都不是普通的科普，虽然勉强可以算。梭罗对科学上的东西明确提出过批评，华莱士也如此。

主持人：我再问一下，社长刚刚说到我们要走出去，接触大自然。时间有限，我们如何处理好职业工作，利用有限时间发现更多的博物学乐趣呢？我们看到文集中有一篇文章说到刘华杰教授在伦敦附近的博物之旅，这给了我很大的启示。请两位老师介绍一下在旅游这方面如何收获更多？

刘华杰：谁都明白，在这个地方待久了，用在其他地方的时间就少了。博物有多种形式和类型，我不能宣称自己喜欢的就最好，只不过适合我本人而已。我在伦敦待了二十几天，坦率说大英博物馆我一次没有去过，不是不想去，是因为在我这里排不上！但是那个邱园（Kew Gardens）我去了三次。剩下一点时间我乘火车到怀特的故乡塞耳彭住了几天，体验了一下英格兰的乡野生活。并非大英博物馆不好，我要权衡一下。总得有牺牲。今天的场合，我戴帽子并不合适，只是为了强调我对户外更关注一点，我愿意在户外"浪费"时光。只读书是无法搞懂人与大自然关系的。我经常一个人上山，不是喜欢孤独，而是因为一个人行动方便，想走就走，想往哪走就往哪走。

外出要有所准备，只睁大眼睛是不够的。要不断积累关于大自然的知识，学会更好地感受大自然、更好地了解旅行目的地的风土人情。比如，旅行中最容易见到的是植物，通过积累，植物认到300~500种以上，旅行中才有些好感觉，见到新的植物，才有可能自己想法查出其名字。旅行中，博物的眼光和人类学的眼光都很重要。

江晓原：我跟华杰相反，我去伦敦，邱园是不去的，就去大英博物馆。我可以去三次大英博物馆而不去邱园！这是个人的兴趣，我更关注博物馆，对户外活动没有什么感觉。我觉得这个问题也没有标准答案，有的人宁愿更多地关注户外，有的人更多关注博物馆。这两个都是博物情怀，是相容的。刘华杰说的是对的，时间有限，关注这个多了，那个就少了，就根据自己的兴趣，根据你的条件、知识背景自己选择吧。总之，比如说到巴黎去旅行的话，老佛爷就不要去了，多花一点时间去卢浮宫肯定是对的，但是这些旅行社竟然只安排卢浮宫半小时，剩下的时间就去老佛爷购物，这样肯定不对。

主持人：谢谢大家的参与，今天我们得到最大的启示就是增加我们的博物情怀，谢谢嘉宾！谢谢大家！

（2014年8月14日，上海书展，上海交通大学三套丛书首发式暨读者见面会）

花草时间与《檀岛花事》

凤凰网主持人：今天我们凤凰读书和中国科学技术出版社一起举办第187期读书会，主题是"花草时间与博物人生：刘华杰《檀岛花事》读书会"。大家可能很久没有闻过草木的味道了，或者在车来人往中已经忘了大自然的脉息、那份景色。旅游可能也只是辗转、排队、购物。但是总有人能遵循自然的机理、植物的味道，享受另一个世界。先前有如徐霞客、怀特、达尔文、威尔逊、缪尔，或者像我们主题的主角刘华杰。刘华杰老师是北京大学地质学本科，中国人民大学哲学硕士、博士。现为北京大学哲学系教授、博士生导师。任国家社科基金博物学文化重大项目的首席专家。他谦称自己只是一位大自然的爱好者，因机缘在2011年到2012年间近一年沿着博物学家洛克的足迹，探寻夏威夷群岛，之后成书《檀岛花事》。

受邀参加这次活动的嘉宾还有清华大学社会科学学院博士生导师刘兵教授、北京师范大学哲学社会学学院博士生导师田松教授。借着这部《檀岛花事》，我们一起来北大，听听三位老师畅谈博物人生，留下一段关于花草的时光。

刘兵：很高兴来到凤凰读书会。谈读书的事情，就是大家对书的交流，作者和读者的交流。今天这个读书会设计有三位嘉宾，用相声的话来说，我和田松都是捧哏的，主角是刘华杰教授，他是逗哏的。虽然是三个人在这里集体说"相声"，但是不能喧宾夺主。我们可以先讲一下每个人的想法，聊一聊天，我们再跟读者、本次活动的参加者交流一下。我们大致这样来控制时间。最先把话筒交给今天的主角刘华杰教授。因为刚才主持人已经类比了很多，不知道除了称他刘华杰教授，我们是否应该叫他刘霞客？有请刘华杰！

刘华杰：今天讨论的书是《檀岛花事》，与夏威夷有关，"檀岛"一说来自梁启超。写此书是因为参与了夏威夷大学的一个交流项目。此项目与洛克这个人有关。云南人可能非常熟悉洛克了。我到夏威夷之所以能够行走一年、玩一年，还有人资助，最终写了一本书，没有洛克和田松这些都无从说起。洛克是个什么样的人物呢？我先快速地给大家放一些照片，请田松老师给大家介绍一下洛克的背景，然后我再接着往下说。

[播放系列照片]这是洛克年轻时候的照片。这是他去世一年前的照的。这是洛克传《苦行孤旅》，已经有中译本，由哈佛燕京的李若虹博士翻译出来的，非常好的一本书。这位是洛克去世以后，第一个发表洛克学术讣告的俦克先生，他是夏威夷大学民族植物学家。这是还在世的洛克的遗嘱执行人韦西奇先生，他手里拿着大风子的果实。这株大风子树就是洛克从东南亚移植到夏威夷大学的。果仁此前我也尝过，很香，当时不知道是大风子，吃完了之后脑袋很疼！洛克的一部分标本保存在檀香山毕晓普博物馆里面。这是夏威夷大学的洛克植物标本馆，其实这个标本馆里没有洛克的标本，一张都没有，只是挂了这样的牌子。这是位于瓦胡岛的洛克墓，他1962年去世于夏威夷。这张显示的我们田松老师坐在洛克的墓边上。田松跟我在洛克晚年住过的檀香山老帕利路3860号大门口，我等了半年都没有机会进去。房主不在，只有一个看门的大汉，他说不敢让我参观。但是田松来了以后，第二天大门就开了！赶上房产代理商举办推介会，欢迎有意购买者参观。说到底还是田松气场强，他比我了解洛克。我在夏威夷期间，刘兵、江晓原和田松均到访，大家有机会一起参观。这是洛

克晚年住过的房子室内的摆设，一看就是从中国带去的。这位老兄就是给洛克大房子看门的，他是干什么的呢？他在做一项调查，像卧底一样，他为了写这个老房子的历史，才来当清洁工。当我们告诉他这个房子跟洛克有联系时，他非常高兴，立即送我们两罐饮料。这是洛克当年拍的五加科植物照片。这是传说中的洛克的儿子，我们没有办法证实。洛克一辈子没有结婚。这是洛克在丽江舞鲁肯（玉湖村）住过的一个房间。

关于洛克的照片就放到这里，有请田松教授简要介绍一下洛克是一个什么样的人物，他为什么到中国来？谢谢。

田松：感谢大家的光临，谢谢华杰让我先讲"喧"一会儿，我简单地介绍一下这件事缘起的前面部分。我前不久看到华杰写的一篇关于洛克的文章，我觉得他现在对洛克的了解应该是比我更多了。

洛克是一个很奇怪的人，他在中国非常有名，是因为他被认为是纳西学的鼻祖、纳西学的创始人，这个人在中国云南生活了25年。他最开始来的时候，是作为植物学家来的，先后接受了美国农业部、哈佛大学、美国《国家地理》杂志等机构的派遣。他不断从这些机构忽悠钱，拿到钱之后，在中国的云南那一带生活，当然他要做一些工作。早些时候我们把他称为"帝国主义的植物贩子"，因为他从云南弄了很多珍稀植物的种子，用很多渠道运出国外。这些做法有可能是合法的，但也有可能是不合法的。总之民国的时候一片混乱，但是他做这个工作之余，进入了云南丽江一带，接触到了纳西族，接触到了东巴文化。如果大家去过丽江都应该知道，东巴经都画得特别漂亮，他就对这个东西着迷，他就开始学这个东西。到后来，他在中国的后半段，开始把精力投入到对于纳西文化的研究和介绍上。到了1949年的时候，他想留下来，但是经过多方的侦查、咨询和讨论，觉得新的红色政权应该不会喜欢自己，于是他乘最后一班飞机离开丽江，回到了美国。回去之后，他就再也没有回来过，他也回不来了。他晚年生活在夏威夷。因为他当年收购了很多很多的东巴经，那些东巴经现在保存在美国的国家博物馆、国会图书馆、哈佛的燕京图书馆，世界上其他机构也有很多。他当年收购了很多，也从这里面挣了很多钱，他是一个很会挣钱的人。到了晚年的时候，他用这些钱开始做东巴文化的研究。他写了几厚本，最著名的叫做《纳西语－英语百科辞典》，还写了很多著作，比如对于"署"的研究。我的博士论文做的是关于纳西族的，很自然地就了解到有洛克这么一个人，开始接触他，觉得此人很神秘、很有意思。实际上我们现在的整个东巴学的领域里边，对于洛克的研究仍然是非常不充分的，研究和介绍都是不够的。洛克的另外一个身份是植物学家。因为国内最了解洛克的人是纳西学者，纳西学者的大部分是人类学家，他们对于民族学、人类学这部分可能更感兴趣，而对于洛克的植物学研究，一是不感兴趣，二是没有人有能力做这个事情。洛克作为一名植物学家，在植物学的谱系里面，他的地位可能远远不如在纳西学里的地位。在纳西学中他被视为创始人，有非常高的地位，但是作为植物学家，可能不会认为他是一个很了不起的植物学家，也不会花更多时间去了解他。但是至少对于学者来说，洛克研究有一个空白。这个空白包括两个部分，一个部分是洛克在中国的植物学方面做的工作，没有人做过很好的说明和研究。同样，洛克的很大一部分工作是对于夏威夷本土植物的研究，这部分更没有人去梳理和介绍。

2008年的时候，我跟刘华杰教授和另外一个朋友，在北京热热闹闹开奥运会的时候，来到云南"避运"。我们到了丽江北部的玉湖村，洛克在玉龙雪山脚下的这个小山村居住了很长时间，旧居已被开辟成洛克纪念馆。有人在那里收门票，我们也进去转了一圈。当时跟我们同行的还有一个纳西族的学者，他也是一个东巴。当时我就怂恿刘华杰做洛克的这个部分研究，因为这个部分是一个空白。比如我想做，我没有这个能力，我对植物学不了解，不像刘华杰这样，从一个业余爱好者，不断升级现在已经进化成一个专业的植物学者，他有这个能力和心情，他应该找时间去研究这个。这是这本书的前半部分，下面有请刘华杰。

刘华杰：谢谢田松老师。2008年田松是这么跟我讲的：研究研究洛克的地理考察和植物学吧。当时我顺口答应了，没太当真，因为无从说起。洛克是挺有意思，但是我犯不着去研究他。实际上当时我只知道他采集了不少标本，不知道他在植物学上做了什么、有怎样的地位。后来才知道，洛克在中国采集了多年，却没有发表一篇植物学论文，简短采集笔记倒是有一些，他的植物学论文都是关于夏威夷本土植物的，加起来有上千页。

2010年底的时候，北大有关部门公布了来年一部分对外交流的项目，夏威夷大学与北大有访学交换名额可供申请，需要设计一个研究题目。我好几年没有出国了，想去夏威夷，马上就想到了洛克。洛克在夏威夷出的名，最后又在那去世。大概几秒钟就想出了一个研究题目，用了两天的时间写出申请报告并译成英文，提交北大的专家组审查。很幸运第一轮就通过了，据说第一轮通过的项目很少，大概他们觉得我编的比较靠谱吧！我的题目叫做《洛克对夏威夷本土植物研究的历史》。

于是我就以这个名义去夏威夷。在夏威夷的一年中，打着洛克的旗号，经常爬山去看植物，也偶尔看看标本，主要还是玩了。这本书就是游玩的副产品。不过，玩中亦有道，暂不说这个。《檀岛花事》成书背景大概就是这样。

现在给大家看一些我拍摄的夏威夷图片。夏威夷是个非常漂亮的地方，大家有时间可以去瞧瞧，现在到夏威夷签证相对容易。上海和北京有直航檀香山的飞机，我去的时候还得从日本或韩国转机。

夏威夷几乎位于太平洋的正中央，我想多数人并非清楚这一点。当下中国有关部门的"地球观"和海洋观念仍然十分保守，站在夏威夷看看全球，可能会有好处。这是夏威夷瓦胡岛上的珍珠港，水面上在亚利桑那号战列舰遗址上建了一个大棺材模样的纪念馆，1941年12月7日停泊在珍珠港的此舰被日本炸毁，一千多名官兵阵亡。当年夏威夷的日本移民已经非常多，日本偷袭珍珠港时当地日本人是反对的，但是事件过后美国人并不信任日本居民。这是海基X波段巨无霸雷达船，缩写为SBX，据说非常灵敏，能够远远地探测到发射出来的导弹。不知为什么，我见它就想笑。其实我对这些并无兴趣。我来夏威夷并非冲这些。我关注的是夏威夷的自然物以及人与自然的关系，如火山地质、草木与动物，我想从博物学家（naturalist）的视角了解夏威夷，特别是其中的植物。

这是夏威夷的一种海胆，名叫碎石海胆，翻过来瞧有点像翠菊。这是僧海豹，一种样子可爱的保护动物。这是夏威夷非常典型的风景，海上落日非常漂亮。在海边欣赏落日有一个好处：自己可以切身感受地球是圆的！这是哈纳乌马（Hanauma）湾，注意每个元音都要单独读出来，地图上译作"哈瑙马"是错的。它由一个火山口演变而来，靠海一侧的"锅沿儿"被海浪冲击久了最终被打通。夏威夷的山算不上很大，但比较险。我不断上山，也出过几次小事。我通常是一个人行动，遇到麻烦也只能自己解决。这些是毛依岛、考爱岛的风光。夏威夷"通有"的风景就是这个样子，典型的情况是见不到人。瓦胡岛上威基基（Waikiki）海滩人山人海"下饺子"的场面极少见。通常，几百米的沙滩上只有我自己，一个人享受。到夏威夷度假晒晒太阳确实不错，瞧这位美女在海滩上晒太阳。为什么放这张图呢？因为她身上画了夏威夷地图，但要旋转180度来瞧，由东向西、由新到老分别是大岛、毛依岛、瓦胡岛和考爱岛，夏威夷较大的岛就这四个，值得一一去欣赏。这是夏威夷州鱼Reef triggerfish，本土名字Humuhumunukunukuapuaa，竟然有21个字母，这种鳞鲀科鱼读起来是不是很有韵律？夏威夷的州花严格讲只有锦葵科布氏木槿这一种，夏威夷名Mao hau hele。这个种是美国植物学大佬格雷以他的助手布拉肯利兹（William Dunlop Brackenridge）的名字命名的。导游把木槿属的许多植物特别是一些杂交种说成州花，是不对的。这是琉球文化节打太鼓的场面，夏威夷有将近50万琉球移民，每年都举办琉球文化节。我参观了2011年的文化节，立即想起《质问本草》和《浮生六记》，两者都写了琉球。

前面已经说了，我去了主要是看植物。我关心植物，其他的是捎带看一下，看看那边的鸟、岩石和其他风景。夏威夷的鸟我看了一些，我看鸟不在行。夏威夷本土鸟数量已不多了，在低海拔的海边看到的鸟基本上都是外来鸟。植物也差不多，到夏威夷旅游，若不特意寻找，你所见到的绿色的和开花的植物几乎都是外来的。就像那里的人一样，几乎都不是土著。土著人都哪去了？差不多死光了。在近代百分之九十以上的土著人都死了，在西方人"发现"了夏威夷以后，多数人染病死掉，极少数是被杀死的。大部分因外来的病菌、病毒感染而死掉，因为他们没有抵抗力。在历史上，外来种，无论鸟、植物还是人，都不够友好。研究夏威夷的历史，对此会有深深的体会。如今要看到本土植物也不容易，怎么办呢？必须上山，上山有一定的风险。夏威夷的道路基本上都在各岛的一周，中间就是火山岩体，有的地方比较陡，30度、40度，还有接近90度的地方，要上山去看植物确实难。也正因为环境艰险本土植物才保住命。我上山也不能乱闯，通常要走trails，即各种小的山道。当地政府对维护山道很重视，这一点非常值得我们学习。

　　《檀岛花事》顾名思义，是写植物的。准确讲是以第一人称来写这一年中看到的东西，也顺便记录下一年当中我的各种活动。为何以日记体写？梭罗讲，不写日记还有别的什么好写吗？我没有梭罗的底气声称读者"想知道现实中的主人公如何度过每一天"。就博物学的历史和博物学文化来讲，日记体是非常自然的，已有无数前辈这样做了。我不过是记下自己一年海外的博物学生存（living as a naturalist）过程，为了保存自己的记忆，因此首先是写给自己的。

　　夏威夷的植物，我并不是一开始看到了就能认出来。我猜测外来者谁也做不到。我刚去的时候，基本不认识，因为我是北方人，南方的植物我本来就不熟悉。外来种在别处见到一些，而夏威夷特有的植物我从未见过。但是平时我对中国的植物还有点功底，至少知道上百个科的植物大概什么样。到了那里，见到不认识的，知道往哪个"筐"里放，这个"筐"对应于植物学中的"科"。借助于一些工具书，包括洛克的老书，很快就可以熟悉当地的植物。等我快离开的时候，当地的植物几乎都知道了。甚至看一眼就知道这个是从哪来的，能判断是好植物还是坏植物。好坏的标准就是：本土的是好的，特有的当然更好，外来的通常就是坏的，外来的入侵性比较强。外来的也有好的，比如波利尼西亚人早期引入的植物就没问题。书中有更具体的介绍。我说够多了，得把话筒交给刘兵老师。

刘兵：我也说两句，作为外来的人物，外来物种。今天的话题，渊源是这一部书，这部书的渊源是因为有华杰去了一趟夏威夷。刚才华杰又把他去了这趟夏威夷的渊源追溯到洛克和田松。要这么追下去，可能就有很多的故事要说，追溯到这里就可以了。这本书出了以后，大家的反响之所以比较强烈，关注度比较高，主要还是因为今天的华杰和他做的博物学，洛克只是一个借鉴，当然洛克也是博物学家。

刘华杰做的这件事在今天看来是比较奇特的，就像他的个性一样。他做事总是不按常理。他是北京大学哲学系的教授，像我在他另外一本书的书评中说的，他却总在"沾花惹草"。此前他写过科学哲学、博物学游记等图书，最近他组建了一个团队，带领硕士生、博士生一起做博物学文化、博物学史研究，形成了一个特色非常新鲜、颇有影响的进路。最近似乎有井喷性发作的迹象，他提出了很好的想法，在学术上贡献了不少东西。在北大做哲学系教授，又关心植物学、博物学，他有这样一个爱好，这本身就挺奇特的。北大能够容忍、认可这一点，刘华杰能够选择这样的方式做学问，能够把日子过下去而且还过得挺好，这就很不容易。

回到日常生活的世界，我们看到，其实绝大部分人选择的工作，归根结底都是为了谋生。现在银行挣钱，我们都到银行去谋职，但是很少有人会在给别人点票子的过程中得到快感。多数人想着赚钱，但是挣了钱以后，人们在消费的时候，才想起自己的兴趣，于是大家一窝蜂要出去玩，不管人多人少，因为平时没有这个机会给自己过点真正属于自己的日子。能够把自己的工作和兴趣结合到一起，我觉得这些人是很幸福的，刘华杰就恰恰属于能过上这种幸福生活的北大教授。我想，北大教授中想过上这种幸福生活的人，也不是很多。所以我们朋友之间聊天的时候，大家普遍对刘华杰非常羡慕。要知道，说是这样很好，但是真正过上这种日子的是需要勇气、机缘的。但是大家可以努力。在某种感召下，华杰不管在办公室里还是在书里，到处都有美好的花花草草相伴。首先，作为个人的生活方式，这很幸福。

但是他还不仅仅图个人享受，他还带着他的研究团队，做着国家的重大课题。他很投入地玩着，在研究他喜欢的事情，那就有着学理性上的意义。

在学理意义上，为什么他做的事情这么突出？最近一段时间，有关博物学的内容比较受人关注，为什么？刘华杰关注博物学不是一天两天、一年两年了，这需要判断、信念和坚持。我是做科学史的，从科学史的角度看，博物学在近代衰落了，今天它还有意义吗？思索这些问题，才能理解刘华杰所做的事情。追溯到洛克以前的话，如果从整体学科的发展来说，跟今天很不一样，那个时候科学界的学者中，可能博物学占的比例是最多的。但是随着科学的发展，我们看到一个现象：这个博物学群体逐渐衰落，另外一个科学的传统，就是数理、实验的传统开始兴起。这个取代和兴起给我们社会也带来了一种不同的发展和生活方式，到今天为止，很多人仍然陶醉在现代化发展模式和生活方式中。社会上每次有一种基于这种数理传统的新玩艺出现的时候，比如 iPhone 6，大家都趋之若鹜，都在狂欢，似乎在享受这个。但是另一方面，今天这个社会，包括我们生活的很多方面，也恰恰由于这种发展而带来了很多的问题，包括资源问题、环境问题，生活方式问题。田松教授，今天的嘉宾之一，可以讲讲对现代科学的反思和垃圾问题。

今天事先没有策划。刘华杰研究很美好的东西：植物、花朵；田松研究很丑陋的东西：垃圾，似乎形成了对照。但是这里是有共通性的。花朵、植物是自然界带给我们的，垃圾是我们自己造出来的，我们会做什么样的选择呢？由于现代人观念的变化，跟自然和谐相处的博物学被人们遗忘、疏远，科学界也越来越不重视博物学。以刘华杰为代表的，其实今天还有一批人，开始呼吁恢复、弘扬、重新振兴博物学传统的时候，也隐含了一种对于现在主流的数理传统的更加物质化、现代化的发展模式的反思和抵抗。我觉得这一点是非常有意义的。今天从国内现在各种各样的活动来说，政府非常重视科普，政府也用科学传播这个词了。实际上那些主流的科普，主要还是在把那些数理科学的知识传达给大家，而对于这样一种博物学的普及，博物学的传播，其实从官方的角度来说，支持力度不是很大。有关部门还没有认识到博物学的价值。

其实，刘华杰这本书有多个侧面，一是个人的日记，另外一个是业余植物学家对域外植物的记录、描述。他又做得很专业，很多专业人士认为，这本书对于植物学的发展也有贡献，以前中国人没有对海外的植物做过这样的描写。还有一些人说，这本书触及了个体与大自然相处之道，以举例的方式实实在在讲述了一个人每天如何生活、如何欣赏大自然，如果更多的人像刘华杰这样生存，那是很好的。所以这部日记体的书有很多方面的意义，有学术上的意义，对于社会未来发展有积极导向作用。他自己实践了一种很有品味的生活方式。我和田松都到了夏威夷，我虽然在那里呆得时间较短，但确实看到了刘华杰在那里的生活方式，有闲云野鹤的悠闲。回过头来，刘华杰端出来了厚厚的几大本书，他为何如此高产？其实这也只是他在夏威夷所采集的标本、所拍摄的照片、记录的东西的一部分而已。他精力集中，不被杂事所困，做自己喜欢的事情的时间相对就多起来。

我们的生活是可以非常丰富的，更多人可以找机会尝试博物地生存，但是我们也不一定都要跑到夏威夷，北京周边的很多地方，其实都可以让人有这样的享受和探索空间。博物学未必在乎第一次。就算人家先前做过有关考察，我们还是可以很好地博物并获得享受，就像刘华杰看到了很多花，带我们去郊游的时候会给我们讲这个花是什么科的，什么植物能吃，哪个有毒，哪个是中药，说得津津有味，大家都听得颇有收获。我们都可以在重复的观赏中获得美好享受。不一定都是植物，也不一定都是夏威夷。可以是鸟、虫，可以是印度、中国和任何其他的地方。我觉得重要的不在于是不是夏威夷，重要的不在于是不是花，单是这样一种意识和生活，就是我们倡导的。我先说这么多，接下来田松给我们说点，是说垃圾还是花呢？还是说垃圾和花？

田松：我先说你吧。

刘兵：一看就是要说垃圾！

田松：而且是外来的，坏的。刚才刘兵教授一口气说了这么多，我稍微总结了一下。先说这么几点，首先是刘华杰独特学术品味、学术个性和生活。第二是关于博物学传统、数理传统之分，现在的主流是数理传统。第三个说到了我们的生活方式，也说到了 iPhone 6，为什么我们会被以 iPhone 6 为核心的这样一些东西所统治和掌控着？每个部分和每个点都是值得大家畅谈的，我先说第一个，这也是和这本书密切相关的。这是一个什么样性质的书？或者说刘华杰教授是一个什么样的学者？其实多年前我们认识的时候，他就已经有了这种很浓郁的植物学的爱好，经常到山里去看植物。我记得很早以前，就听人说，华杰对华北植物比较熟悉，辨识水平不亚于专门研究植物的专家。大家可能不觉得这是一个很了不起的事情，反正你拿着植物志到山上去认，慢慢地可能都会做到。但是你想想这个事情需要很多时间和精力，而且确实需要对植物有很强的爱好，不然的话，可能做了两天就放弃了，但是这是他日积月累做的事情。我相信他做这个事情最初的时候，也没有指望，最开始肯定也没有指望将来要出几本植物学的书，在植物学领域有什么建树。像刚才刘兵讲的，已经到了井喷的状态。所以当时我给了刘华杰几句评价，我说这叫做由业余到专业，由娱乐到学术，日积月累，终成正果，不小心就出来了。我想谈一个什么东西呢？现在经常讲一个事情，关于学术的原创性，动不动就有原创性的思想，甚至在研究生开题的时候，里面还设上了几个点，里面有哪几个是原创。这个原创是从哪来的？怎么就有原创了？我觉得这个原创不是绞尽脑汁琢磨去编，就能够弄出来的，这个原创的来源是什么？这个原创来自于学者对这个世界的观察和思考。我们简单地说，我们哲学的领域，这个学术可以来自于两个部分，一是对于现实世界直接的观察和体验，比如现实世界发生了什么事情，这个事情让你感到很困惑，然后让你有所思考。另外一个是在我们哲学领域更习惯的是来自文本的，以前的大师是怎么说的，现在国外的某个专家是怎么说的，然后你从里面整理出了什么东西。多数人更习惯的是后一种，在我们现在的学术考评体系里面，后一种获得了更多的表扬和赞扬，对文本熟悉更多的人，就感觉很牛。认为读过一大堆康德、黑格尔很牛，而不认为刘华杰到山上去把每种植物认出来很了不起，因为我们很重视文本的东西。我经常会讽刺所谓的世界一流大学，所谓世界一流哲学系，充其量是想要成为哈佛大学的北京分院，他们坐在一个中国的会议室里面，他们用英语讨论着国外某个学者提出的问题，他以能够解决某人的学术问题而感到荣耀，或者加入这个团体。可是那个问题是人家提出来的，你没有对这个世界进行独立的观察，你只是去解决别人提出的问题，这样做不可能有很重大的原创性。而反过来，基于自己对世界的独立观察，你对这个事情提出了问题，然后解决问题，才是重要的。刘华杰由科学哲学进入科学史和博物学，在新开辟的领域，这些年他一直在研究博物学，我们也跟着他"忽悠"，我对他所做的探讨有很高的评价。2012年华杰的两个学生徐保军和熊姣同时毕业，他们做了很重要的工作，在博士论文答辩现场，当时我有一句评判："我非常容幸地目睹了一个新范式的诞生。"我就说到这里。

刘华杰：田松、刘兵是我的好朋友，不免有吹捧之嫌。但是有一点不可否认，我们都特别喜欢玩，非常认真地玩。圈子里我们管刘兵叫"刘爷"，田松叫"松哥"，没有辈分之差。我们做学术都不是特别欣赏现在主流的模式，目前大家生存得还凑合，没有太惨。如果我们生活得很惨，当然就不值得人们去借鉴。

现在博物学以及我们所做的对文明的反思、对科学主义的批判，得到了越来越多人的认可，年轻的学生可从中学习一点东西。我现在稍微补充一下，我个人做博物学的由来，以及如何开始写书。我本科也是学理科的，在北京大学地质学系读的是"岩石、矿物及地球化学"专业，很长的名字。理工出身的，通常不会写东西，描述某个东西三言两语就写完了，以为说清楚了，其实不然，文理的差别是很大的。

我小时候在长白山的山沟里长大，想跟别人玩根本就找不到人，只能跟大自然玩，上山、爬树、挖草药、拣蘑菇等非常有意思。念书后，没机会多玩了，只是偶尔玩一下。一直到1994年我博士毕业从中国人民大学又回到北大，这时有时间了，又拾起了小时候的博物爱好。但在起初的几年中玩这个事情跟我做学术、上课、带学生是独立的，没有联系。渐渐地，我把玩跟哲学、科学史、科学传播结合起来。我的这种玩应当属于自然科学的博物学传统，想当年博物学是非常正经的事情，在维多利亚时代那是绅士阶层一种高雅的爱好或职业。

现代的工业文明、流行的科学主义有很多问题。怎么来反思？单纯批判并不解决问题，要给出一种积极的响应。从个人角度，我尝试把爱好与学术结合起来以消解现代性的冲击。这样就发掘出了博物学，一个已经衰落的学科和学术传统。我的野心是想把它复兴起来。有一段时间我在野外看着花草便陷入呆呆的思索中；也读了一些文献，读文献后思考得更多。我想到西方文明的病症，想到中国古代有非常丰富的博物学。中国古代的文人差不多都是博物学家。苏东坡、曹雪芹若不是博物学家的话，写不出那样的作品。现在有很多年轻人也非常能写，但是你会发现他们写的东西不扎实，因为他们对于生活和世界没有自己深入持久的观察。我们古代的知识分子不是这样的，他们很了解周围的世界，他们学术上有境界，生活中很博物。我甚至断定中国古代的文化或者国学，很大的一部分应该属于博物的范畴，虽然可能不叫博物学这个名字。现在讲的国学中不包含博物学，讲的主要是伦理、政治这些东西。我们的传统文化是讲究博物的，后来遗忘了。再看看西方，西方科学发展的早期，很强大的一个传统就是博物学传统，这个传统一直延续到19世纪，达到了顶峰，比如达尔文写出了《物种起源》。进入20世纪，博物学在大学和研究机构也开始衰落了，衰落了并不等于这个博物因素没有了，博物融入了其他领域当中，成为了中产阶级的消费方式和休闲方式。博物的思想也部分融入了生态学、各种分类学、保护生物学当中。大家在国外会注意到，书店里的博物学书非常多，要比哲学书多得多，而且非常畅销、非常便宜。为什么便宜？因为印得多，用得多。比如买一本哲学的书，用较差的纸张印刷的，大概二十美元到三十美元。买一部彩印的精装的博物学书，大概十几美元到二十美元左右。国内就不一样了，我们国内把博物学书放到科普里面，实际上博物学跟科普没必要总扯在一起。比如我现在做博物学，我不敢说我在做科普。我没学过植物学，我怎么能做植物学的科普呢？我做不了那个事情，另外我也不想去给别人做科普，我干嘛去教训、教育别人？我只想写我的感受，写我跟植物的接触和看植物的心得。这些是比较主观的东西，通常以第一人称来写。科学家写东西，往往用第三人称写，以示其客观性。当然，我不认为客观就一定比主观好，更不认可一些人所谓的"客观"就真的如其所宣布那样"客观"。

当博物学传统这一线索进入视野后，我想得越来越多，发现哲学上的认知可以和博物学结合起来，科学史可以和博物学结合起来，科学的未来和人类的文明可以从博物学的角度来审视。一边想，一边找文献，瞧国外的科学史家在做什么，我大吃一惊，他们前进的方向与我的思路是一致的。国外的科学史家，相当的一部分，我不敢说绝大部分，都在做与博物学相关的研究，如做生活史、环境史、文化史、博物学史的研究。相对而言，现在做数理科学史研究的变少了，这个局面我以前是不知道的，我也不记得国内有谁讲过这种趋势。为什么那么晚才看到呢？我的解释是，很多时候是想看到什么就能看到什么。你不想看到，哪怕你在很仔细很客观地看，你也看不到。科学哲学上管这叫观察渗透理论，对于历史、编史学这也适用。这样调查以后，我确信可以很自信地做我喜欢的事情。一是要大胆地玩，二是我要带领我的学生一起来做博物学史、博物学文化的研究。我的想法是中西博物学要结合起来，博物学文化要恢复起来。大环境在变好，现在当我说出博物学这个古老的名字，社会上许多人认为找到了知音。目前倡导博物学已经得到许多人的热烈响应，大家在各自兴趣和能力范围做着自己的努力，我的朋友也突然多起来。小环境也是好的。我们北京大学很包容，至少我们系、教研室很开明，没有干涉过我，相反还支持我。这样我就可以带学生一起做博物学史、博物认知相关的研究，学生也能拿到学位。几年下来，已有一点点成果，我希望坚持下去。

刘兵：下面进入咱们三个人交流的环节。大家听过了很多的会议和报告，在会议结束的时候，会给大家留点时间进行提问。然后有的问题问出之后，嘉宾回答了，或者轻描淡写地回答了，想追问的时候却没有机会了。但是一个人问起来没完没了，活动也没法弄。今天我建议咱们换一种方式，咱们两个替大家拷问刘华杰，咱们使劲地问。华杰是主角，主角是什么意思？主角就是靶子，靶子就是挨打的。前一段蒋劲松老师请了一个高僧，跟他对话的时候，我倒是觉得和他很和谐，我就使劲地盯着他问。在佛教那里也有辩经，如果要是和风细雨就没意思了。你先开炮？

田松：你这个要求有点难。因为我现在是刘华杰的粉丝，我高度认同他的做法。要是有人拍砖拍到刘华杰这里，我要为他辩护，但是你让我拍他，有点不行。

刘华杰：没事儿，先请"刘爷"来。

刘兵：那我就设想我代表某些人，虽然我和刘华杰一起玩，也是到郊野，带着我的小孩从小和他一起玩。他玩植物，我的小孩玩观鸟，玩得也挺专业，但是我们没想出博物学这种东西来。我个人一直仅仅是一个旁观的参与者，在分类或者辨识上，我觉得总是不像他们那样专业。我有一些识别障碍，但是看着还是很高兴。很多人一直问这件事，按照你这种模式，做一个很专业的东西，看一种植物，就能告诉人家这是什么科的，当地的名字是什么，能不能吃等。这件事对于一个专家来说，肯定是好的，对于一个有知识的人肯定也是好的，对于一个普通人来说，一定是需要必要的入门条件的，如何入门呢？

刘华杰：刘兵提出了一个很常见的问题，即如何入门的问题。我会给出非常明确的回答。个人有不同偏好或者绝活儿，比如我观鸟就不在行，我也努力去试了，甚至买了很好的望远镜。观鸟不在行，不等于我干别的也不在行。我看人物也不行，十个人、二十个人我都记不住名字，但是植物成百上千我都记得住，甚至不用特意去记就记住了。我想说的是，人各有所长、各有所爱；对喜欢的东西当然会在意，在意了就能记住。因此兴趣对于入门最关键。

博物的对象多得很，比如看星空，早期天文学的一部分就是博物学，天文这个词就很博物，现在数理天文学是另外一回事。我是学地质的，地学属于博物类科学。气象、动物行为、动物分类、植物分类、昆虫、贝类等，都可以选作博物爱好的对象。选择是非常多的，但一定要按照自己的天性来选，不宜太多。如果试了以后，觉得自己不喜欢就赶紧换。什么都不喜欢，那也可以，那就不要做博物了。我还是比较宽容的，博物不是必需的，有人就是喜欢坐在屋子里打游戏，别闹事、别杀人，也挺好的。我不敢说年轻人一定要怎么怎么样，我的意思是，如果有人喜欢博物，学术界应该提供方便。比如在美国，每一个州都有蘑菇手册、哺乳动物手册、鸟类手册、昆虫手册、贝壳手册等。老百姓如果想学的话，可以方便地拿起手册来用，我们这里行吗？我们这里基本没有，我们编不出来吗？也不是，我们国家有庞大的科学家队伍，植物方面也有成千的科学家。但是这些科学家中相当一部分人通常根本就不在乎老百姓，他们整天想着申请更多的钱，然后用大家看不懂的英文在国外发表SCI或EI论文。他们是可以编写和翻译博物学图书的，但是中国的植物学家翻译了多少植物学的著作？很少，如果不细找的话，找不到。他们写出了多少通俗的老百姓能够看得懂的植物学的文章？也很少，如果不仔细找的话，也找不到。我得出的结论是，科学家根本不在乎老百姓的感受。还有一个结论就是，科学家根本瞧不起科普，甚至他们最瞧不起某个同行做了点科普。如果他对某个人说点贬低的话，就可以说这个人是做科普的，当然不会公开说。这是我发现的一个秘密。

针对刘兵的问题，接着说，有了兴趣后，要按自己的方式建立与大自然的对话，不要太受科学、科学家的束缚。要时刻记住，我们做博物，与当下科学家做科学有着不同的动机和目的。当然，我说的是主流科学和主流科学家，不是全称。我这说远了。

刘兵： 不远。我觉得拷问就能问出问题，你看他现在就露出了一点马脚，跟刚才相比，已经有一些带着锋芒的东西出现了。对于中国当下主流的科学家的行为方式、科研价值观等，有了一些批判。对于那些研究的取向以及和科普的冲突、关系、不足，有了一些批评。刚才他都没有批评的含义，其实这里又隐含了什么？你刚给自己申辩了说自己不做科普，然后你又说那些科学家们也不好好做科普。你为什么不做科普？有时候这个人一说话，用一个立场说几段就有点偏颇了，其实我们知道，刘华杰研究的重要方向除了博物学，也是我们国内科学传播界的一大权威，写了很多科学传播，也就是科普文化方面的文章。你这么一个背景的人写的书，怎么不是科普呢？接着说！

田松：先等一等，我有感想，想插话。我刚才讲了，如果有人对刘华杰拍砖，我可以给他遞个缝。我前不久写了一篇文章，到现在还没有看到是不是出来了。我说了一个什么事呢？这个博物学是一种价值观，这句话什么意思呢？我忽然想起一件事，可能大家对于这个事情有看法。其实这个事件已经发生过很多次了，前不久引起了一些争论，就是一些爱狗人士，他们到高速公路去拦截运狗的车，这件事情争议非常大，有很多人是支持的，这些人对狗有爱心，对动物有爱心，他们是动物保护人士，他们勇于实践、以身试法，有各种各样好的词汇加到他们身上，有另外一些人就说他们是狗奴，他们是强盗、抢劫犯，他们上高速公路危害他人的生命安全，违反中华人民共和国道路交通安全法等。这两派争论得非常激烈，我后来在琢磨这件事情的时候意识到一个问题，他们所有的理由，很可能他们这些理由都是借口，而真正最核心的是他们对于狗的感情是不一样的。那些爱狗的人士无法容忍竟然有狗肉馆这样的行业，竟然有狗肉节这样的行为，所以他们到高速公路拦截。当然他们有很多方式，论证自己的合理性。比如说，我们拦下来的狗，几乎都是大小不一、毛色不同、品种不同，那就是表明并不存在所谓的狗肉养殖基地，这些狗都是偷来的、盗来的、来源不正的。有的狗是中了毒，里面还有很多名贵的狗，这些人犯罪在先，我们是在制止犯罪。另外从卫生检疫的角度，你要开一个餐馆，餐馆里所有的肉都要进行卫生检疫，但是我们从来没有给这个狗这件事情有过卫生检疫的标准，意思就是餐馆里卖的所有狗肉，都是没有经过卫生检疫的。那么这些东西他们找来的理由，证明拦狗这件事情的合理性，而真正的深层次的根源是什么？是他们对于狗的感情达到了一定的浓度。而反过来判罚他们的那些人，他们自己不吃狗肉，也要坚决维护吃狗肉人的权利，他们对狗没有这些感情。我现在想说的就是，刚才刘兵教授也谈到了生活方式的问题，污染的问题、环境的问题，我们为什么会有现在这么多的环境问题，在绿色思想的领域、环境思想的领域，有一个非常重要的人物，他在著作中开篇就写到，我们每个人对世界的感受是不一样的，有的人一天不看电视就忍受不了，但是像他那样的人，如果一天听不到鸟叫、看不到野花是忍受不了的，这是一种价值，是感情的倾向和价值的判断。我们现在对世界整个价值的引导，我们国家的主流价值的引导，类似于 iPhone 这样的东西，它是受到了全民的追捧，国家也会大量地赞扬这样的事情，高科技企业是商界奇才、是发明家，总之它是有很高的地位，我们都在跟着它。iPhone 6 出来一大堆人排队，社会的一种倾向是这样的，这是一种价值的倾向。显然刘华杰在强调另外一种价值的倾向，我经常会讲，正如有些爱狗的人，他们永远不能容忍狗被屠宰、被吃一样。可能会有一些人，他们无法容忍一棵树被砍掉，他们无法容忍一条河被拦腰截断。这对他来说首先不是一个经济上的问题、社会管理的问题。这首先是一个情感的问题，他在情感上无法容忍这个事情，他在情感上激起了强烈的疼痛的感觉。你看到一棵树倒掉了、被砍掉了，你感觉疼痛。就像爱狗的人看见狗将要送进餐馆被人吃掉，那种疼痛的感觉。我觉得如果有更多的人对于自然界产生关爱的事情，然后在自然界面对破坏的时候有一种疼痛的感觉，那么我们这种环境治理和环境问题就会是另外一样。我经常说的一件事，整个自然界中没有任何一个物种脱离其他物种单独存在，而只是人这个东西凌驾于所有的物种之上，把所有的物种都视为它的资源。树是它的森林资源，河流是它的水利资源，都是它的资源，它可以为所欲为。就是它的价值倾向有问题，是基于数理科学的强烈的绝对的唯物主义的价值倾向。显然刘华杰朝向的是另外一种倾向，我们对于自然界的情感从何而来，你都不了解它，怎么会有情感？对它都没有观察，怎么会有情感？刚才讲的，他知道这个名字有什么重要，我觉得这个事情很重要。

刘兵：既然你要帮腔，要帮刘华杰说，那我就接着问你。我同意你说的，理论上、原则上都是正确的，但是狗的那件事，我真的觉得很复杂，到目前为止，我不敢对它说更多东西，我看到了各方的说法，包括动物保护人士、包括法律人士、包括各种的观点。我觉得这个事情，至今我还没有能够很好地驾驭，我觉得这个事情不简单，因为它涉及太多的问题，这个事情我先回避。咱们就今天的话题来说，第一，你刚才说你是刘华杰的粉丝，当然你在论证上也跟他一致，但是就我所知，比如刘华杰知道多少种植物，你知道多少种？我知道你知道几种，前几天我们一起去开会，你认识了几种，但是你肯定没有他认识多。你说你每天听不到鸟叫就难受，当然你们家那可能有鸟，可是我知道你不怎么去看鸟。也就是说，你更像是一个理论博物热爱者，而你又谈情感，其实我觉得情感更多的是来自于像刘华杰这样实践的观察和体验。我们也经常跟他开玩笑，说他好几天没出去野了，就很难受，于是我们都说他是个野孩子，开着车就不知道跑到山里什么地方去转转。我觉得在你的京师的院里面的高楼上，看着落地窗户，拿着 iPhone 每天早上发一个Good morning，我觉得你也挺享受这个东西，更是理论上的，那么你怎么谈情感？我现在转过来问你。

田松：我得少说两句。

刘兵：我认为你不用少说，否则你帮刘华杰的事就没帮好。

田松：我先把刚才被你打断的话再升华一下，我们现在有一个大词叫"建设生态文明"，这个生态文明怎么建设？生态文明应该由什么样的人来建设？我觉得应该是由对自然界有感情的人来建设，这个社会有越来越大比例的对于自然界有感情、对于花草树木有感情的人，这样的人才能建设起生态文明。而不是一些对 iPhone 有感情、对机器有感情，对于那些可以把树砍掉来提升GDP的人，如果这样的人占有更大比例的话，生态文明是建设不起来的。所以我把刘华杰的事情升华了，沾花惹草是和一个宏大的建设伟大的生态文明直接相关的。然后我再回答你的问题，你说得都对，所以这个问题变成什么呢？我们相比刘华杰而言，是一些比较可怜的人，我们小的时候错过了像刘华杰小时候在山上野跑、能够认识几百种植物的时机。我们小时候是在城市里面，当然我也是在农村长大的，其实我也认识不少。我是说更多的人，像我的弟弟虽然比我小了三岁，但是生活环境就已经完全不一样了。在城市里面、在幼儿园里面，我前几天还在问一个问题，让一个幼儿园的孩子背九九表很重要吗？是背九九表重要，还是让他们体会到花香更加重要？体会到抓蝴蝶的乐趣更重要，还是

iPhone 重要？这就是一个价值情感的问题，就是情感取向的问题。当你爱这个人的时候，你不能同时爱另外一个人。时间是有限的，生命是有限的。所以我们强调这件事情的时候，肯定是有一个倾向性，那么这种倾向是一种朝什么方向的倾向？感情是从哪儿来的？是基于观察、基于了解。我以前给刘华杰写的书评里这么说到一件事情，观察一片具体的叶子，我们每天在校园里匆匆走过，比如这棵树就在你的宿舍和图书馆中间，你每天经过这棵树，你是不是知道它叫什么名字？是不是观察过它？它在春夏秋冬的时候，是不是观察过它的生长？如果不知道它叫什么名字，没有认真的观察，你跟它可能也会有一点感情，至少眼熟，但是这种感情不会是一种很深刻的感情。在这点上，知道花草的名字很重要。

刘兵：好吧。你就算回答了吧，本来我问你的事，也是想贬贬你，突出一下华杰，作为一个陪衬人你就很不甘心。因为你承认一点，我同意，我甚至也挺喜欢你的，我不贬低你，我觉得你这个理论博物学爱好者也很可爱，也很重要，但是它跟实践有所不同，我甚至于认为不同类型的爱好者可以同时成立。其实我们刚才有的听众参与者有比你更开放的心态：同时爱上鸟和植物，不可以吗？可以呀。尽管华杰把植物排在第一位，把鸟放在二位，这也没什么不可以。我看下面也有一些来参加的朋友跃跃欲试，别着急，让我再盯盯他们，一会儿我可以帮助他们把这个事说透一点。有时候什么事都问了一个皮毛，就不如咱们盯着一点。其实今天的缘由就是由这本书来的，这本书由你的实践来的。当然对于你来说，不管是出游，对着一朵花在沉思，或者是记录，都是很自然的事情。但是你这样一种方式，你觉得面对大多数人，你刚才也说了，不一定大家都熟悉那么多，但是大家毕竟是冲着这个事来的，那么有多大的可推广的、模仿的、效仿的可能空间？

刘华杰：要试了才知道，如果你以前没有看过一片叶子或者某种花，不妨去看一看，你看过了不喜欢，可以去做别的。我相信很多人是从来没有想去认真观察人以外的生命，我估计绝大部分人不会讨厌植物，因为植物对我们来说太重要了。天生就讨厌花的人，我觉得会有，但是不会太多。只要你尝试，愿意拿出点时间去看看植物、看看花，我相信收获一定很大。

有一天我突然想，看花是干什么呢？看花就是做哲学。再一想，这么说有点"禅"的意思，或者故弄玄虚。再一琢磨，就觉得这不玄，其中有许多道理。这里不能全部展开，只讲一点点吧。历史上有人将哲学与植物学结合起来做，亚里士多德的大弟子 Theophrastus 就是这样，他是西方植物学之父，学园 Lyceum 的掌门人，他就是植物学家。卢梭也是植物学爱好者，梭罗是博物学家。他们的哲学、自然观跟他们的植物学爱好有关系吗？我觉得还是有关系的。

我原来看花、看草跟哲学没有关系，但现在越来越觉得关系紧密。怀特的书、梭罗的书、利奥波德的书，讲过许多了，只是以前读书的时候没有特别注意，回头再仔细读，发现收获很大。我的一些想法他们已经有了，最多是重新发现，我愿意把它们讲述出来。看草木，是在看大自然，看大自然的 evolution，理清自己的心灵律动，进而看清我们自己。哲学家要思考天人系统的持久生存问题，与博物学一下子就有关了。达尔文、E.O.威尔逊的思想重要，也是在博物与哲学这个交叉点上说的。

至于说博物学的推广，首先要切合公众生活品质的提高，不能特别在意认识论的角度。做博物，必然用掉大量时间，这就存在一个"算计"的问题，虽然我不主张事事算计。如果你愿意玩游戏，一天当中愿意用相当多时间去按键盘，或者愿意用大把的时间来交际、来应酬，那么你就没有太多时间去看花草。反过来，做博物，也是有代价的、有损失的。这是我的"土手机"，现在用这种手机的人很少。实际上我的手机非常好，对我来说是最好的，一个礼拜充一次电就够了。我用手机只打电话和发短信，对于我来说足够了，不多也不少，非常合适。当然，我并不反对别人用 iPhone 之类，你们可以用。我对相机的要求稍微高一点，因为我的照片要拍得清晰一点。某东西的好坏要从自己的需要来衡量。你愿意用多长时间来看花，愿意用多长时间去看书，看这类书、看那类书，应该完全基于自己所认可的价值观。我相信很多人是没有琢磨自己的价值观，其实不是没有价值观而是没有使之明晰化，做事的时候通常不选择，没有选择就是随大流，相当于让自己的价值观屈服于周围人的价值观。

社会的主流价值观什么样，咱们就跟着走，这样当然也可以，但可能放弃了自己生存的独特意义。人应该按照自己的内心需要，听从心灵的呼唤。人活一辈子很不容易，几十年糊弄糊弄就走人了，为什么不按照自己的想法来学习、生活、工作呢？现实中，我们本来有很多的选择，不小心就放弃了。考大学未必是你愿意考大学，可能是家长让你考大学。考北京大学，也未必是你内心就想考北京大学。学计算机，未必你就适合做计算机科学。经常有人跟我讲，说一定要让孩子考北大。为什么一定要考北大呢？其实考哪都行。童话大王郑渊洁做得不错，他的儿子就没读大学，这个家长很了不起。价值观应该多元化，如果没有价值观的多元化，博物学就没有未来。恢复博物学的前提就是价值多元，博物学无意也不可能吃掉别人，只是想争取自己的生存权。我今天能在此吃喝博物学，还有这么多听众，说明我们社会的价值观已经在开始走向多元化，只是还不够。

刘兵： 现在我再以我的方式来拍拍刘华杰吧。刚才我和田松在抢谁是刘华杰真正的铁杆粉丝，我觉得我才是。为什么呢？田松刚才说跟他一致，支持他。我刚才举出了若干的例子表明他们俩不太一样，理论上一样，实际上不一样。但是我跟华杰实际上也不太一样，我虽然很喜欢出去玩，但是我有另外一种概念和理解。我不是太在意非得知道物种的名字，但是我看着它很漂亮、很美、很高兴，我觉得就很好了。但是我跟我女儿出去的时候也一样，她对鸟的分类很专业，虽然她的入门是我带的，但是看到最后，我还是看到某个鸟说"大尾巴鸟"，她笑话我半天。但是我觉得这个也没关系，有一点差别，我觉得我很赞同华杰强调的一点，就是多元化。多元意味着一种宽容，我觉得在华杰这个亲自、亲历和自我体验的过程中，其实华杰的个性是很倔强的，但不强求别人，这非常好。经过这些年，在某种意义上来说，也削弱了他的倔强，他也宽容了一些。你看田松讲狗的时候，就是非常极端，其实你在另一方面就会找到另一个好处，就是看多元的植物，人也会变得多元。成立吗？

田松：太牵强了吧？

刘华杰：我补充一句，我现在带学生以编史学为指导做博物学史，编史学的想法首先是从刘兵那里学来的，我们国内做科学编史学最早的就是刘兵老师。刘兵老师的《克丽奥眼中的科学》，仍然是我的研究生需要读的最好的一部关于如何来写科学史的著作。

编史学的用处是什么呢？科学史不就是要客观地呈现出科学的本来面目吗？实际上不存在什么纯客观的东西，我们每个人都是有偏见的。戴着不同的眼镜、怀着不同的心灵，去写抗战史、中华人民共和国史、党史，会写出不一样的内容。有人声称没有偏见，对这样的人更应当警惕。写科学史也一样，编史学特别强调视角、理念，用不同的框架来写科学的历史会写出不一样的科学史。刘兵让我及早注意建构问题以及编史学对于治科学史的重要性。编史可以有很多不同的框架，首先要宽容。宽容不是宽恕别人、容忍别人，而是解放自己。没有一个宽容的自我解放的心态，就会束缚自己，就不会很好地解读材料，就看不出现有科学史作品的问题。如果解放一下，世界的丰富性就呈现出来，会看到不一样的景象。正因为有思想解放，我才会发现被蔑视的博物学传统的魅力，在历史上博物学曾经非常辉煌，对于近代科学的兴起作出了重要的贡献。对未来的科学和未来的生态文明建设等，博物学也可能有用武之地。

刘兵：田松你还有什么最终要陈述的吗？

田松：我可能不那么极端，但是我也是在强调，比如关于推广的问题，你们都谈到了推广，但是对于我来说，推广的问题是政府的问题，你高考的科目一改，这个博物学就推广了。现在高考让你背960

年后周大将赵匡胤在开封东北发动兵变，你现在背的都是这个，高考考这个吗？如果高考考了大蒜是什么科的，整个这个就推广了。而高考体现了国家意志的价值取向，而我强调的价值取向恰恰是这样。就是说，我们是需要在一个社会整体层面上，有一种价值取向的整体改变。而这种改变当然是相对多元的，但是这个改变对于建设生态文明来说是必须的。

刘兵：我们聊得差不多了，今天也是周末，下午又到北大藏得这么深的地方［指地下室］，还得跑到地下室，难得有这么多热情的听众过来，我觉得大家有机会可以好好地参与一下。接下来我们就进入听众、参与者的话题上，我觉得在这个阶段，我们还是请凤凰网的美女来做主持，因为下面还有很多帅哥，从博物学的多样性的层面上说，有一位女性主持人在上面，会更养眼一些。

主持人：我们一般没有主持。

刘兵：今天特殊，你们平常也不做博物学呀。

田松：今天多元了。

主持人：大家有什么问题，都可以举手问一下，女生优先吧。

读者1：刘老师，您好。我觉得今天的主题特别好，花草时间与博物人生。最好的花草时间，当然是我们走近看花、看草，您说有机会，一定要去夏威夷。但是很遗憾的是我没有时间、没有金钱、没有能力去夏威夷，所以这就是我为什么到这里来，我自己到这里来是有一个期待。您到了夏威夷，特别有心，为读者写了这部书，您能不能给我们展示一下，我们这边看不到的那些花花草草，您是怎么发现它们的？它们有一些什么特质？另外一个，除了您给我们讲了一些理论，您平时会不会有一些实践，比如带学生出去，到校园里面或者附近转转，教我们认识哪些花、哪些草，然后有一些心得。

刘华杰：你的问题实际上包含了好几个方面，第一个方面涉及夏威夷是否必要？完全不是，比如我们出门就可以看植物，夏威夷只不过是名气大一点。另外我好久没出国了，我到那个地方住上一年，不用上课，能随便玩。没有人管，我可以放心地玩、可劲地玩。

刘兵：野孩子吧？

刘华杰：夏威夷确有其特殊性，我没有时间展开说。它是一群岛，岛上植物有一些特殊类群。相对而言跟外界隔绝，这在进化生物学中是一个有利于"成种"的地方。夏威夷有很多特有种，其他地方没有。例如这种菊科韦尔克斯菊，它能长到六米多高，木本的。通常我们见到的菊科是草本的，当然云南、青海也有木本的，甚至北京也有蚂蚱腿子这种菊科小灌木。但韦尔克斯菊依然极为特别。这种植物全世界只有夏威夷有，夏威夷只有考爱岛上有，考爱岛上只有红河谷有。要是想看这种植物怎么办？只能到那里去看。我就算准了它什么时候开花，然后去看了。为了看这种植物，花了一千多美元。因为要坐飞机去，夏威夷各个岛之间要坐飞机。我看了以后非常高兴，因为看书和图片怎么都不如面对面地看。我见到以后，先坐下来，大喘几口气，等平息了之后一点点看，然后拍照。这种感受很难用语言来向一个不喜欢植物的人描述。你若不喜欢植物，我觉得很难讲述出来。

只有夏威夷才有这类激动人心的植物吗？不，完全不是这样。我这里恰好准备了一些照片，是中国的。中国的植物要比夏威夷的植物漂亮得多，我不是在这里故意夸中国。中国的植物种类非常多，有三万多种，夏威夷还不到两千种，中国特有种也多得是。这是西藏杓兰，在四川、青海、西藏一带非常多，但是在北京没有。

刘兵：我现在给大家补充一个细节。我们理解华杰，读其书想其人。有一次我跟华杰一块去四川开会，会后他拉着我去旅游，等于绑架我，回来折腾得我非常狼狈。但是坐车的时候，你们体会一个博物爱好者是什么样一种方式。车子行在盘山路上，山坡上有很多野花，那个景区很偏僻。大家知道旅游团不能一个人脱团，不可能为了你看花，大家陪着你到处走。华杰从兜里掏出了二百块钱人民币，悄悄地塞给了司机，进行了一次行贿活动。他说："停车。"于是司机就停车了。我们都在车上等着，都是他这二百块钱的牺牲品。那地方海拔很高的，坡也很陡，他急忙上去，照了相又跑着回来，真不容易。故事讲完了。

刘华杰：那次拍摄的植物就是西藏杓兰，地点在四川巴朗山南坡S303上。坐在破旧的旅游车上，离很远我就认出它了。当时看傻了，没想出如何让车停下来。过几天那辆车将返回，我再想办法。在四姑娘山，返程出发前，我给司机一百块钱，给卖票的一百块钱，俩人一共二百块钱。希望翻山时在我指定的地点停车，他们爽快地同意了。我说停一分钟就够了。中国的许多植物非常漂亮，夏威夷没有这种东西［播放照片］。这是云南的亮叶杜鹃（*Rhododendron vernicosum*），这是广西的吊钟花（*Enkianthus quinqueflorus*），非常漂亮。

回到刚才的问题，是不是夏威夷才是重要的，不是这样的。重要的是有没有一颗心，是否想睁开眼睛看一看非人物种。没有这个想法，去哪儿也白扯。如今到夏威夷的人多了去了，中国每天都有航班直飞那里，有几个人是去夏威夷看植物的？除了我以外或许还有别人，但是肯定不多。像我这样悠闲地看一年，估计会更少。我们有植物学家去夏威夷研究植物，但是他们不是我这种看法，是为了发表论文。他们去看几种，然后采一些标本，工夫主要在室内，要在DNA层面做工作。大部分人去夏威夷干什么呢？看看风光，然后疯狂地购物，这是旅游业的现状。我希望更多的人可以到非洲去看看，欣赏世界的多样性，了解当地土著人的生活，看看特有的动植物等，也能顺便写点游记之类的东西。科学家做这个更内行，但这个也指望不上科学家了。爱好者倒是可以指望的。我相信以后会有更多的人写非洲的动植物等。

读者2：我有两个问题想请教，一个问题是刚才您提到的博物的问题，博物学在历史上曾经很辉煌，我很认同这个观点。我想请您给我们科普一下，为什么它现在不那么辉煌了？第二个问题是与对植物的观察有关的。从您刚才介绍的内容可以听出来，您看到漂亮植物的时候心情特别愉悦，但是换一个角度来讲，其实您现在看到的绝大多数的花花草草，其他植物学家早就观察到了，绝大多数您看到的东西，都是前人已经观察过，甚至都已经研究得很透彻的东西，是不是您在观察这些植物的时候，一方面是愉悦，另一方面是不是懊悔自己出生得比较晚，没有赶上那个好时代？我有一个猜想，跟我的第一个问题有关，就是博物学为什么现在不那么辉煌了，我觉得，是不是因为它作为一种科学来讲，很大程度上来说，已经到了后人做什么都是一种重新发现，导致它有一点点不那么辉煌？您是不是认同这一点？

刘华杰：你的两个问题都非常好。我不能同意你的这种理解。实际上，现在有大量物种并没有被观察，更谈不上对其研究，在这种情况下它们一天天的在灭绝。很多该做的工作没有做，科学家想做的也没有去做。为什么没做？就是你的第一个问题，博物学为什么会衰落？是因为博物学力量不大，当下这个社会是崇拜力量的、讲眼前功利的。我们的社会崇拜能够立即创造经济价值的东西，科学、智力、大学，都为什么服务？都为了增强你的肌肉、增强你的智力、利益集团和国家的实力，鼓励人们战胜你的同桌、战胜你的同胞、战胜你的同类、战胜大自然。为此，搞点核武器、搞点病毒、搞点转基因、搞点核电，也就容易理解了。这就是现代性的价值标准，博物学的价值观跟这个不太一样。只要认同了现代性的标准，博物学必然会衰落，这是不可避免的。

你第二个问题说，业余博物学家看过的很多植物，都是人家看过的。没错，几乎百分之百是这样。我到目前为止还没有发现一个新物种！我倒巴不得明天一出门就看到一个新物种。很难，至少在华北地区很难。如果我到青藏高原上待一年，没准还能发现点什么。发现不了一个新的种，发现一个变种还是可以的。除了描述新种，博物学还有许多事情可做。

读者2：我承认肯定还有一些植物未被发现，但是从相对的数量来讲，肯定没发现的物种要远远少于发现的物种，您同意吗？

刘华杰：我暂且同意吧，其实这很难说，此处没必要在细节上计较。但是要提醒注意的是，博物学不仅仅在乎物种数和新种的发现，还看重行为、生态，在乎植物跟动物之间的互动关系，比如昆虫传粉行为等。也在乎盖娅的健康状况。

我们现在即使知道某物种的名字，在野外能够准确辨识出来，关于其行为、习性很多东西还是不知道的。去问科学家，科学家有时也不知道。比如我问过诸多科学家，为什么很多植物向右转，有的向左转？没有一个科学家能够令人满意地回答。他们瞎编了一些理由，我此前也考虑过那些，根本不可信。甚至有些科学家根本都没有注意到这个问题。你看《中国植物志》和《中国高等植物图鉴》，关于手性的描述是自相矛盾的。说得刻薄一点，就是有些植物学家左右不分，他们使用时没有清晰地定义什么叫左、什么叫右。我为何敢这么讲，因为我上过当，我原来轻信过他们的描述。追究下去，才晓得他们根本就没有下定义。对于许多物种，现有科学对其研究是很不充分的。

但为什么学者不愿意做博物学这类宏观上的研究呢？因为它的产出率很低，做博物的考察，想写出一篇论文非常难。你认识两千个物种，这需要长时间积累，不能速成，但你可能仍然写不出来一篇能发表的论文。另一方面，在试管里摇一摇，一个礼拜就可能摇出一篇论文，而且影响因子可能是 4.0、5.0，哪个容易出成果？那肯定是做分子工作容易出成果。所以，这是现代性的逻辑造成的，是成本核算造成的，并非哪个事情不该研究。当然，现代性的逻辑是由价值观决定的，田松批判现代性的工业文明，就是要解决这个问题。百姓做博物，要与科学、科学家保持适当的距离；要尊重、利用科学信息，但不要被科学话语忽悠了。

作为一名博物爱好者，谁不希望自己能够命名若干个新种。有没有生不逢时的感觉？偶尔会有，但是不至于那么强烈，因为我不那么膨胀。这样的现象不仅仅存在博物这一类学问，数理科学家也一样。有一个得诺贝尔物理学奖的学者费曼，他聪明透顶，这个人说过自己生不逢时。物理学的基本定律都被牛顿、麦克斯韦、爱因斯坦、玻尔等人发现了，费曼的智商并不比他们低，但没有赶上好时候，所以发现不了基本定律。费曼最主要的成果是路径积分等，算不上基本定律。我觉得他说得非常在理，确实是这样。现在没赶上那个发现的黄金时代，并不等于物理学没法研究了，现在的物理学还是蒸蒸日上的，物理、化学之间强烈交叉，比如凝聚态物理，有大量工作要做。

学者的观念要变，并不一定要发现一个新定律，发现一个定律又怎么样呢？牛顿定律早就写出来了，但是三体问题不是还解决不了吗？三体相互作用是符合牛顿定律的，但是有了定律许多问题仍然解决不了，方程写出来解析解求不出来。发现定律是一方面，能够解释、预测、控制是另一方面。科学有无尽的前沿。

读者3：刘老师，您好。我是植物爱好者，直接问您一个植物问题。我在山西五台山，今年6月中旬的时候拍了一个植物，我找了三个月没有找到，我不知道是哪个科的。因为它的叶子比较特别，是紫色的，不是平常咱们看到的绿叶子，所以我不知道往哪个方向找。

刘华杰：这是一个很实在的问题，拿照片来我瞧。

读者3：我不知道它是变异了，还是怎么样？

刘华杰：我现在告诉你，它是百合科的。哪个种，我不敢说，因为信息不足。

提问3：那我可以自己回去查了，谢谢。我也是一个植物爱好者，所以也经常会上山考察，跟您一样。不过我没有钱去夏威夷，所以我就在北京附近转，我这里有一个好消息和一个坏消息。您想先听哪一个？

刘华杰：先说坏的吧。

读者3：我今天早上给您画了一幅画，现在这幅画我送人了，原因是因为今天早上，我碰到一件事，我在路边遇到一个人，他举了一个东西，我觉得很奇怪，然后我过去看，结果是一只鳖。我就问他在干什么？他说他在卖这个东西。我没钱，但是我很难受，我就在那蹲了一会儿，没到一分钟来了一个男的和女的，他们似乎来过，说："350元卖给我，然后拿去放生。"当时就非常感动，周围也有其他的人，他们也觉得这个人做得非常不对，也有的人出钱、出力。

刘兵：后来你就把给华杰画的那幅画放生了！

读者3：然后我就把本来给刘老师的那幅画，送给了那对男女。现在听好消息，好消息就是我刚刚听您讲座的时候，又画了一幅。这回是给三个老师都画了一下，但是没时间，所以只能画小的了，一人一个书签，活动结束的时候，给老师分享一下。谢谢。

主持人：同学们，还有问题吗？

读者4：今天是我第一次来北大听课，刚才听三位老师的谈话，我就觉得突然间感觉对博物学产生了兴趣，请您给我这个外行介绍一下，博物学是怎么学的？

刘华杰：一言难尽，我说得简单一点，博物学就是宏观上对大自然的观察、描述、分类和理解。你看一棵草，仔细看一定能看出点东西，甚至看得比科学家还精细，这就是博物学。我不知道这么举例子能不能够让你更清楚一些。博物学虽然看起来很肤浅，但是绝不意味着不专业。其实博物学爱好者可以做到比科学家还专业，为什么呢？因为喜欢那个东西，你一天除了睡觉，大部分时间都用在那个方面，架不住工夫多。科学家通常都很忙，比如他们去云南、西藏考察，最多去两三个月，多到半年。你可以经常去，你的野心很小甚至没有野心，你会看得更多更久、观察得更仔细，在这个方面你可以超出科学家。

经常有人拿博物学家和职业科学家相比。有些博物学家本身就是科学家，除此之外，业余博物学家或博物学爱好者没必要与科学家相比。你要和自己比。你自己今天比昨天多知道了什么东西，这就可以了。你说科学家已经知道了，《中国植物志》上已经列出来了，没关系，他们列他们的。《中国植物志》126册80卷早就出版了，没有任何一名植物学家、科学家知道所有这些植物。那个东西出版了跟我们没有关系，只有当你在使用它的时候，当你对照《中国植物志》在野外或室内能够把植物认出来的时候，跟《中国植物志》链接起来时，那个东西才有用，否则那些知识跟你没有半毛关系。就像北大图书馆有多少书跟你一毛钱关系都没有一样，除非你去使用它、下载它，将一部分公共知识转化成你的"个人知识"，那才有用。在这方面，要用科学家的劳动成果，但是不要太听科学家的，去勇敢地发展自己对大自然的观察，积累自己的自然档案。科学家的成果一定要利用，比如要学会使用电子版《中国植物志》，经常查它。

读者5： 我在来之前就想问这样一个问题，刘华杰和刘兵老师，本科的专业和研究生专业以及现在做博导的专业，相差比较大。我就想问一下，当时是什么样的兴趣促使你们走向那个方向？

刘华杰： 我们俩都毕业于北京大学。我本科是学地质的，后来改哲学了。在外行听来很邪门，但是我告诉你不奇怪。我们北大哲学系，我数了一下有6个原来学地学的，数量仅次于原来学哲学的。本科学哲学后来做哲学，天经地义。但是第二多的是学地学的，为什么？我也不知道。或许因为学地学的人思维比较"奔驰"，想得比较多，这是瞎猜的。对于每个人来说，自己都有自己改行的理由，改行并不意味着原来学的东西没有用。这是我个人的理解，我不知道其他两位是怎么想的。

刘兵：其实经常有学生问类似的问题，我觉得是这样，刚才华杰说地学。在全国科技哲学范围内，至少在过去，学物理的绝对占优势，这个没有问题，田松也是。我觉得第一点，原来学什么，后来改学什么，这个有很多偶然因素。比如我那个时候有很多个人因素，原来学物理的时候，不是想得很明白，那个时候因为高考，老师很大程度上替你决定了。那个时候想学的东西很多，后来觉得还有机会学些别的，再学些文科吧，转过来也是这个因素。所以我说，学什么转到学什么，如果你学得好，在一个深层意义上，对于你后来做其他事情，都会有帮助。只是这个帮助不一定是最直接的，就是所谓你的素质的东西。我后来经常感觉到，那个时候的训练，对于后来做哲学、做历史，其实是很有帮助的。但是再后来再进一步我又开始更深入地想，除了有帮助，还有什么害处？我最近几年更多地反思物理学教育对我的毒害，我发现这个反思也很有用，也导致在研究里面有另外一些心得。所以我觉得好、坏，原来学什么专业、后来做什么专业，都没有一个一定之规，只要在每个专业里都按照最理想的方式去学，去认真做事，就都是好事。

刘华杰：田老师原来学物理的，现在有很多想法还有物理的影子。我们甚至批评他太物理了。

田松：那我就简单地说说，其实物理学和哲学是邻居，所以从物理学转向哲学是非常自然的。当年牛顿那本书就叫做《自然哲学的数学原理》，牛顿是把他的物理学当做自然哲学，所以这本来是一家，本是一个问题。当然在我们这个教育体制下，也涉及一个转向的问题。我实际上是迷茫了很长一段时间之后，又重新选择了哲学和历史。我当时是放弃了物理学，放弃的理由跟我现在做的工作是有关的。我小的时候，不像你是被家长指挥的，我是主动地投向物理学，在我上大学的时候，物理学是很神圣的，"学好数理化，走遍全天下"。我们那个时候会认为，长大之后做一个科学家，能掌握为人民服务的本领；当做一个科学家为人类造福的时候，做一个科学家和人类的幸福之间是有必然的关联的，科技进步和人类的幸福是有必然的关联，所以从事物理学是一个神圣的工作。但是很不幸的是，这个神圣的关联被我自己打破了，我发现不存在这个神圣的关联，甚至很可能这个科技进步不是人类的福音，而是人类的灾难。于是我学物理学一下就失去了动力，然后就放弃了。

读者6：我跟两位老师比较像，我现在读研就是学的物理学，我自己比较关注的领域是目前中国的科普教育。

刘兵： 你在哪个学校？

读者6： 我在云大。

刘兵： 云大物理学专业？

读者6： 对，听到老师谈这个博物学不属于科普方面，所以我就纳闷中国现在给科普的定义到底是什么？我的个人经历还比较奇特一点，我当过一年的大学生村官。在村或者在街道，像社区有科普大讲堂，到这个区县这级都有一个科技局、一个科学技术协会，我就想知道这种体制下这类机构对于公民的科普到底做了多少，做了没有？

刘华杰： 我评论一下，我不愿意使用科普这个词。为什么呢？它太政治化，我们的社会赋予了科普太大的使命，或者太强调它的有用性。我也不否认它有用，但是博物学特别强调无用性。梭罗当年特别说，针对当时的科学促进会等，应该建立一个无用知识传播组织。我现在就想做这个事情，第一点我是肯定博物学没有用，然后还认为应该传播。如果在社会上认同了这样一个价值，那么很多事情都好办。如果它有用，我们再去做它，那你去读 MBA 等去赚钱，做软件、去销售、做营销都可以，那都是很来钱的。博物学没有什么用，也不是速效的。我这个书是在出版社出的，这个出版社有两块牌子，一个叫做科学普及出版社，一个叫做中国科学技术出版社。我跟编辑说别用那个牌子，你看现在署的名字是中国科学技术出版社。叫科学技术我也不喜欢，什么出版社都无所谓，但是科普两个字我有点忌讳。至于别人说这个书是不是科普，我不管，他有认定的权利。我自己不会说自己做的是科普，我真的没有学过植物学，我不想去做科普。

读者6：老师太谦虚了。

刘华杰：不是谦虚，这涉及认同问题。

读者7：我是凤凰网的工作人员，不知道我能不能提问？我负责凤凰网微博，刚刚看有一个人@凤凰网。他说："我学植物学的第一本书，就是刘华杰老师写的。"我看了以后很感动，因为我发了这样一个微博，然后大家转发了。很长一段时间以来，我有一个想法，希望人类把土地还给大自然。我觉得我们现在用越来越多工业的东西占据了大自然。我们都来自土地，我们只是很渺小的生物而已。我的问题是关于孤独。我觉得三位老师走得可能比较远了，在现在的这个时代，人们还是不断地宣传要发展科技或者怎么样。我觉得现在推广博物学一定很难，一定有很多人不理解，而解释起来可能会觉得很厌倦，我不知道你会不会在这个过程中感觉很孤独？

刘华杰：这个问题很现实，人们都去忙着挣钱、忙着当官，你为什么还去看植物呢？我的学生去当官，我支持；能挣钱，我也支持；继续做博物学，也挺好。这还是多样性的问题，什么人能做博物学呢？十年前我不能大讲恢复博物学这个事情，十年前我忽悠这个事情也没有人听，五年前就有个把人听了，现在很多人愿意听了，为什么？还是马克思说的，是经济基础决定的。中国也开始步入小康社会，人们吃饱饭了，就会想着怎么活更舒服一点，按照自己的意愿来活着。有的人想要挣大钱，挣了十亿、二十亿、一百亿。有的人要当官，当很大的官。有的人不这么想，愿意过慢的生活。中国可能会有越来越多的中产阶级，博物学的主体一定是中产阶级，穷人很难做博物学，就像农民没有哲学一样，并不是说他们智商低，是他的经济基础决定的。为什么西方国家的博物学都比较发达，就是因为开始进入小康社会了。我们国家也一样，我相信有更多的听众愿意考虑博物。我不会像传邪教一样，非做什么不可。愿意做就做，愿意尝试就尝试，不愿意也没什么。我相信会有越来越多的人愿意尝试，现在博物学的图书、杂志越来越多。

主持人：最后几分钟，最后一个问题。

读者8：刘老师，您好。您刚才讲到，您看花草时在其中有一些特别的体验，能不能简要地分享一下您在花草中感悟到的人生哲理？

刘华杰：博物过程中，不同人的感受可能不一样。看花草对理解演化论、社会生物学会有帮助。我愿意简要讲述一个神秘体验。我这个人不信邪，当年积极反对过伪科学，还得过奖，至今也没有宗教信仰。但并不是说宗教信仰不好，我接受的教育令我无法有宗教信仰。但是有一次我在北京延庆的一个山坡上看植物，突然就有一种自然神学的顿悟。对于我来说是很少经历的一种体验。当时好像我跟大自然真的一体化了，那些花草，我觉得是跟我一样的生命，我也成其中的一部分。那种神秘体验是看书看不来的。知觉对于思维、哲学有重要影响。实际上，梅洛－庞蒂的现象学也讲知觉与科学、意识的关系。博物感知对于个体理解世界、生命，树立自己的人生观，是有关系的。

　　西方近代博物学的发展，很大程度受自然神学的影响，如约翰·雷（John Ray）。中国没有自然神学的传统，但中国的博物学不等于不受对应的某些观念的影响，如天人合一思想。中国博物学复兴要靠什么？在吸收外来文化的同时，靠我们的传统文化。我们的传统文化包括儒学、道家、佛教等，这里面不乏宜物护生的理念，不缺格物致知的方法，也不少"赋比兴"的独特认知模式，当下博物学发展可以与我们的本土文化深度结合。你的问题，我没有办法细说。

主持人：今天非常感谢三位老师，而且我们这些人对博物学有了一些认识，希望大家像田松老师说的，从认识一片具体的树叶开始，非常感谢大家。今天谈到的这本书，大家也可以去网上买。谢谢大家。

（凤凰网读书会187期，2014年9月27日，北京大学人文学苑2号楼B114室，根据录音整理）

博物学与"中国好书榜"

百道网编辑：首先恭喜《檀岛花事》和《博物学文化与编史》两部书分别入选"中国好书榜"2014年6月和7月的新知榜。前者主要谈花、后者则从博物学概念入手，谈论了更广泛的科学伦理与科学哲学等一系列大问题。这一小一大两部作品，哪一个更得您的钟爱？哪一部的"诞生过程"对您来说更不易？

刘华杰：《檀岛花事》属一阶博物，《博物学文化与编史》属二阶博物。我自己更喜欢做一阶工作，因为我贪玩。但不做二阶的工作，一阶走不远，层次、境界不够。另外我要带研究生，在我们哲学系里，做一阶博物不合法，学生没法获得学位，只能做二阶的，即做博物致知方式、博物学史、博物学文化研究等。博物学文化要发扬光大，也要多做二阶的工作。最好是知行合一，一阶二阶都有。

《檀岛花事》一部有三册，只用了一年时间就写出初稿，从到夏威夷到最后出书总共三年。而《博物学文化与编史》是我十几年想法的汇总，因此后者，即二阶的工作，更难，每一步都是尝试性的。在国内，做一阶的人非常多，做二阶的则很少。

百道网编辑：大多数人对于博物学的认识很模糊，会认为它像哲学一样，对我们的日常生活并无明显"效用"，是少数人的"学问"。您同时兼任哲学教授及资深博物学研究者两重身份，在您看来，这两个学科之间的重大关联是什么？博物学和大众生活之间要发生亲密关系，哲学可以帮什么忙，或哲学要想渗透进大众的知识之中，博物学可以帮什么忙？

刘华杰：卖什么通常就吆喝什么，不过我不想欺骗大家，必须承认博物学没什么用，或者用处不大。哲学与博物学当然关系密切，比如都从宏观上观察这个世界，都要考虑天人系统可持续生存问题。暂不说中国哲学，就西方哲学而言，亚里士多德及其大弟子Theophrastus也同时是博物学家，前者对动物很了解，后者对植物很了解。卢梭、达尔文、梭罗、利奥波德、E.O.威尔逊等也同时关注哲学和博物学。哲学中的知觉现象学、波兰尼的科学哲学与博物学有直接联系。

博物学涉及"生活世界"，个体与大自然的关系。

笼统讲，哲学帮不了大忙，但哲学关注价值，促使人们反思当下主流价值观。因此，哲学思考有解放的作用。不要总想着解放别人，很重要的是先解放自己。对我而言，哲学思索使我看清自然科学的四大传统，博物学作为其中之一不能遗忘。

大众没有哲学（家）掺和也一样活着。不过，一个县一个省可以没有哲学家，一个民族一个国家不能没有哲学家（哲人、思想家）。

有时民众甚至走在了前面，他们实际在做着非主流的重要的东西，哲学的任务是从知觉、经验、民众中来，提升出一般的思想、观念、建立体系，把体系付诸天人系统检验。博物学实践对哲学思索有重要作用，卢梭的教育哲学、自然观均与其博物学有关，只是人们很少注意到。思想不会凭空产生。当然哲学有许多来源，我在这里只是提到博物学实践可作为其一。当下的许多人做哲学，有脱离活生生现实的倾向，有些人做的已经不是哲学而是语言游戏，一小部分人这样玩甚至把它定义为主流都没问题，大家都这样做就有问题。多考虑一点博物，有可能往回拉一拉！

二阶的研究（包括哲学的研究），也有可能（我只说有可能而不说必然）对实践产生影响。从我过去十多年的经验看，的确有影响。影响有多大，这要第三方评估！

百道网编辑：就您的了解，目前国内博物学的发展状况如何？是否有一些国外的做法值得借鉴和学习？

刘华杰：我个人认为博物学的"消费者"（我愿意从消费的眼光看许多学问，包括自然科学）和"生产者"，主力应当是中产阶级。理由不在这里细说了。中国开始走向小康社会，与发达国家相比，我们的中产阶级还比较弱，但已经显示出对博物的渴望。从最近几年博物书数量快速增加可以看到。几年前我就预测了这一趋势，我相信这一趋势短期、长期都不会变！跟英国、日本、美国、澳大利亚相比，我们自然是差多了。比如，在美国，几乎在每一个州都能找到关于本州之蘑菇、鸟、鱼、蝴蝶、山道（trail）系统的图书，我们有吗？在北京，找一本完整的《北京植物志》都几乎不可能！

不能抱怨百姓不喜欢大自然，是因为知识界，特别是花了纳税人很多钱的科学界，没有为百姓服务好。许多中国科学家瞄准着申请大项目，然后是用中国百姓看不懂的英文发表论文。到某科学网的论坛上瞧瞧科学工作者讨论最多的内容就知道我没说错，统计数据也会支持我的观点。

可学的东西多得很。首先一点是要多元化。年轻人成功不能只以官当多大、钱赚多少来衡量。世界上、生活中，除了官和钱，还有许多同样重要的东西。有了这样的认识，博物学没有理由不兴旺发达。

百道网编辑： 从您的作品中，我们也能感受到您花费了大量的时间在博物之上，看花爬山似乎比安静阅读更是您的生活常态，您如何分配自己的阅读及写作时间？

刘华杰： 时间分配上确实有矛盾。人生有限，总得有舍弃。有对立的方面，更有一致、相互补充的方面，从个体上看必须充分发掘一致的方面。读书与行路古人认为都重要。上山看花与坐家读书也如此。甚至可以讲得绝对点，看花就是做哲学！

说得具体点，用大家能懂的语言讲，一天24小时中我睡觉占近一半（这个很重要，不能压缩）时间。剩下的一阶博物占一份，读书占一份，上课、科研、杂事、应酬等加起来占一份。对许多人来说，应酬通常非常占时间，关闭手机是减少杂事和应酬的最有效方法之一，我至今不用智能手机，手机正常状态是关闭的。对我而言，写作直接占用的时间并不多，我写东西非常快，但为写作而做的有意识和无意识的准备可能要很久。

百道网编辑： 您现在正在读什么书？今年读到的最好的书是什么？

刘华杰： 刚读了《"独角鲸"号的远航》、《禅定荒野》、《审丑：万物美学》、《瓦尔登湖的反光》，还有亚里士多德的《动物志》及 Theophrastus 的《植物探究》（英文）。最好的书是《纳博科夫的蝴蝶》（*Nabokov's Blues: The Scientific Odyssey of a Literary Genius*，目前还无中译本，上海交通大学出版社即将出版）。

百道网编辑： 您最喜欢的当代作家是谁？他（她）的哪部作品最打动您？

刘华杰： 很难说最喜欢，我从每一本书中都能读到我需要的东西，对每一位作者都心怀感激之情。

百道网编辑： 儿童时代读到的第一本给成年人看的文学读物是什么？对您的人生经历有何影响？

刘华杰： 小说《剑》，作者忘记了，写抗美援朝的。是我用卖蕨菜的钱购买的。这书后来对我没什么大影响。我讨厌渲染战争。倒是小时候读的《赤脚医生手册》（吉林人民出版社）对我有重要影响，因为它教我认识了家乡的许多草药。我一直认为家乡非常美、非常丰饶。

百道网编辑：请为读者推荐5至10本你认为最值得认真阅读的"博物学"相关作品。

刘华杰：就说最近读的吧。张巍巍的《昆虫家谱》，David Abram 的 *The Spell of the Sensuous*，哈斯凯尔的《看不见的森林》，蒋蓝的《极端植物笔记》，苇岸的《大地上的事情》，斯奈德的《禅定荒野》，涂昕的《采绿》，梭罗的《瓦尔登湖的反光：梭罗日记》，矢野宪一的《枕》，贝斯顿的《遥远的房屋》。

（百道网采访，2014年9月12日）

有博物，人生才完整

初读《檀岛花事》，会觉得有些莫名其妙，记录身边的植物，也能写成三大本书？

对很多中国人来说，博物学是个陌生的词。我们习惯了在某种轨道上活着，一代代重复着自己的命运，已经不再追问：这，是不是我需要的。

摘下一片叶时，我们没想过那也有一个世界，推倒一棵树时，我们没想过它也是一次生命。当毁坏的种子在心中发芽时，我们很少去想：毁坏世界的，是否终将毁坏自己？

我们活着，却泯灭了太多初心，甚至将孩子俯下身去看蚂蚁，去抚摸流浪猫，当成愚蠢。可现实的困境是：失去了幼稚，也就失去了敏感；失去了感动，也就失去了爱。

没必要拔高《檀岛花事》，它只是一本普通的博物学书，它的纯粹，既可以理解为一种提醒，也可以理解为一种无聊。可在这个被理性与技术玩坏了的世界中，我们总要去想，该如何度过今生。

那么，不如听听作者刘华杰怎么说。

一个找回来的爱好

北京晨报：也许很多读者会认为，您这本书既没"学问"又无用处，您怎么看？

刘华杰：很正常。如今"博物学"不在教育部学科目录中，在一些人看来，它自然算不上学问。一位哲学家说过：千万不要指望别人也把自己当作哲学家来看。哲学如此，博物学也如此。哲学没用，好歹还算学问，博物学就更惨一点。

北京晨报：那么，您是怎么走上博物学的道路的？

刘华杰：我小时候在长白山的一个小山沟中长大，父亲是个文化人，鼓励我了解周围的世界。但从上小学开始，接触大自然的机会就少了。高中时住在学校，整天读书，大学也差不多。大学学的是地质学，那时没有完全意识到博物学的重要性。直到1994年我博士毕业后到北京大学教哲学，有时间了，才找回儿时的爱好。

与大自然直接"对话"

北京晨报：在这么繁忙的时代，搞博物学岂不是瞎耽误工夫？

刘华杰：价值是人定的。确有这种可能：认为搞博物学是在浪费时光。不过，修炼博物学对个体可能有好处，我只说可能，比如从中享受到乐趣。往大里说，生态文明的建设，某种程度离不开人类个体建立起与大自然的可感"对话"。

博物学曾辉煌过，现在衰落了。为何衰落？解释各有不同。需不需要恢复？看法可能大相径庭。我个人看好博物学，多年来致力于在一阶层面和二阶层面复兴博物学。前者号召更多人走向户外，亲身实践博物学；后者属于少数学者的工作范围。

人可以博物地活着

北京晨报：博物也许能给我们带来不同的心情，但赚不到钱，怎么养活自己？

刘华杰：以博物学为职业的确不容易，我也从不鼓励年轻人靠这个生存。我通常会说，最好有个一般性的职业，把博物学当成爱好。我杜撰了一个短语：living as a naturalist（像博物学家一样过活），即博物学地生存，或简称"博物人生"。

博物学对于获得某种好处，既不充分，也不必要，但或许很重要。

北京晨报：换言之，博物学是人生的奢侈品？

刘华杰：这要看对谁来说了。在19世纪，博物学是绅士阶层体面的职业或者活法，那时工人阶级想玩，自然不容易。准确地说，博物学主要适合中产阶级，对进入或即将进入小康社会的公众来说，它才显示出一定的吸引力。近年来，中国人喜欢博物的多起来，也与经济基础的改善有重要关系。

每个人都可以博物

北京晨报：您这本书比较吓人，因为植物分类的东西太专业。

刘华杰：哈哈，那是假相！喜欢植物的人不会觉得难。我没有科班学过植物学，小时候在大山里生活，我父亲教我认识了家乡的一些植物，自己看《赤脚医生手册》上的黑白线条图认识了周围近百种草药。只要有兴趣，普通人快速了解一百个科数百种植物不成问题，关键在于是否真的有兴趣。

博物范围很广，不喜欢植物，还可以喜欢贝类、昆虫、岩石等。如果都不喜欢呢？这种人也有，数量还不少。对于这些人，博物学显得很难。

博物人生会给孩子不同视角

北京晨报：人天生会对这个世界好奇，但很少有家长愿意去玩博物，您会吗？

刘华杰：对外部世界好奇是生物的本能，是生命演化的结果。我当然希望自己的孩子多接触大自然，但我不会强制她爱好什么。博物教育相当于自然教育，会帮助孩子更关心自然的演变，关注人与自然的关系，更易生发出尊重、保护自然的心态，且有利于孩子了解世界的复杂性。孩子从小修炼博物学，能以一种不同的态度和眼光看世界，可能更容易拥有全球视角，知道合作共生的重要性。

现代化未必是福音

北京晨报：中国古代博物学很发达，可我们并没率先走进现代化啊？

刘华杰：现代化未必就是福音，虽然各种教育、宣传让人们以为是这样。中国的现代化在某种程度上是被逼的，但也有个走法的问题，是先污染后治理，还是少点污染慢点发展？博物学的世界观强调多元性、多样性，讲究凡事要"适应"。传统是根，没有根，也可能暂时活一阵子，但没有后劲、不能长久。不能总是从现代自然科学的角度来理解博物学。科学主义的危险在于狭隘、不尊重传统，博物学有助于防范科学主义的意识形态侵害。

自然教育，政府有责

北京晨报：玩博物学需要哪些准备？

刘华杰：要感兴趣。观察美女，得喜欢美女才行。有了兴趣，其他都好办，可恰恰许多人做不到这一点。往大了说，这涉及人生观：你想怎样活着，想做一个什么样的人？

北京晨报：兴趣要持久，自组织很重要，但这是个敏感话题。

刘华杰：博物学自组织其实是最安全的，国家应支持博物学自组织的发展，甚至在启动阶段要资助。在日本，自然教育得到政府的资助，许多硬件是政府建好了委托民间组织来运营。在正规教育之外，日本有3000多所自然教育学校。

愿在玩物中丧志

北京晨报：古人常说玩物丧志，沉浸在博物中，会不会对个体发展带来负面影响？

刘华杰：当然！用于博物的时间多了，用于其他的时间就会减少。值不值，涉及人生价值的判断。如果认为钱赚得多、官当得大才算成功，那么博物学帮不上忙；如果认为世界上除了钞票和官位，还有别的值得珍视，那么博物学是一个重要选项。对我个人而言，我愿意为博物"浪费"大把时光。博物学肯定也有多种境界，人们需求不同，操持的博物学也不同，只要有兴趣，达不到某种高深的境界也没关系。况且境界本身是模糊的。

（《北京晨报》，2014年9月1日。作者：陈辉）

博物校园，“好在”大学

问（《大学生》杂志记者）：刘教授，您在大学讲授科学哲学和科学传播学，您是知名的博物学家，近来又十分推崇新博物学的理念，您能否解释下博物学与新博物学的关系？

答：新博物学是在旧博物学的基础上发展起来的。过去的博物学有好的方面也有坏的方面，特别是在资本主义上升阶段，博物学曾在猎奇、占有、掠夺这些方面表现得非常明显，与帝国扩张也有密切关联。

现在，世界发展已经进入一个新阶段。考虑到人与自然和谐、国与国和平共处的需要，就要去其糟粕。也就是说，我们今天要恢复旧的博物学，还要改造原来的博物学，于是要加个"新"字。当明白了这一用意，"新"字也可以省略掉。

新博物学特别强调大自然的权利和普遍的共生理念，主张人与人、国与国之间要减少好斗的成分，人与自然之间也要减少好斗的成分。在户外考察要尽量少采或者不采标本。

问：您给博物学下定义的时候，提到了"地方性"这个词，是说博物学是一种地方性知识吗？

答：地方性知识对应的英文是 local knowledge 或者 indigenous knowledge，也称本土知识，是从人类学那里借用来的。它至少包括三个层次：国家的，如某国的；民族的，如某个少数民族的；家乡的，如我们家门口的，老土的。

地方性知识是相对于课堂上讲授的近现代科学知识而言的。学校中所教授的数理化天地生等，几乎都是"很牛"、具普遍性的西方科学知识。西方科技被认为是普遍有效的，或者夸张点说是"放之四海而皆准"的。当然现在看来，这样讲的确有些夸大，科学定律的成立也是有条件的，科学定律并不具有必然性。

博物学很大程度上是一种地方性知识。博物学是人与大自然交流的学问，它强调地方性。近代以来的学校教育，十分强调脱离情境的普遍知识的传授，自觉或不自觉地妨碍学生对地方性知识的获得。没有念过书的人，对他的家乡、对他屋前屋后的动物、植物、山岭、小溪可能会比较了解，他们知道哪种植物能吃哪种植物不能吃。但是如今很多博士生包括生物系的博士生，认识的植物很有限，有的人一辈子就研究一两种植物。农民世世代代与土地打交道，他们了解土地，知道周围东西什么时候长起来，什么东西能吃、最好吃，什么不能吃、有毒等。在这种意义上，农民就具有很多关于植物的地方性知识，而博士生虽然很有学问，但有时也应该向农民学习。在博物学这里，地方性知识的称谓在反省的层面获得了新意，至少它不完全代表不重要的知识。

当然，这样讲并不是说博物学只是不具有任何普遍性的知识。博物学知识也有一定的普遍性。任何知识都有特殊性和普遍性。坦率地承认地方性（对应于特殊性），是一种主动姿态。把博物学的眼光扩展开来，人类的任何知识都具有地方性，只是地方的范围有大有小。

问：可以这么理解么，博物学是非常实际且实用的地方性知识？

答：因为如今其他东西太有用了，博物学没必要跟人家争有用性，也争不过。因此，我主张恢复博物学，并非刻意强调其有用性。如果有人追问博物学有什么用，我就回答："没用"。没有用，还关心，还愿意为此浪费时间，这才能突出博物学的特别之处。

博物学当然有用，我愿意提及2008年四川汶川地震救援中的一个故事，细节可看《博物人生》第一章。两位当事人是学生，她们并非学者，也非地质、地理、遥感、军事信息专家，但她们提供的信息极为准确、重要、有效。她们只不过从小太熟悉自己的家乡，博物学知识多一点而已，她们在关键时刻为救灾帮了大忙。

不过即使有这样一些生动的例证，博物学依然显得无用。我从来不否认这一点。

博物学通常不能用来当官、发财，与当下主流社会认可的成功标准不搭界。修炼博物学也不可能做出超一流的科学发现。搞博物学也不可能得诺贝尔奖（动物行为学家劳伦兹是个例外）。但从哲学的角度考虑，从博物学爱好者的角度考虑，博物学依然有魅力，值得为此"浪费"大把大把时间。要问魅力来自何处，我认为恐怕来自于人类天生对大自然的无限依恋，人离开大自然无法生存！不仅仅是在物质层面，还有心理层面、精神层面。

问：但是博物学像哲学一样，有无用之用吧？

答：是的。不过，推销博物学，我通常从其无用性说起。我们这个社会太需要一些无用的东西，而要减少一些有用的东西。

博物学也有一些显然的、可以检验的好处。比如可以使我们心情舒畅，可以让我们静下心来，让我们谦卑、感恩、敬畏，生活得更加充实。或者用一个云南人经常用的词，叫做"好在"。

什么是好在？即好好地活着，自由自在地活着，乐观、幸福地活着。

问：每年9月，大一新生从各地汇聚到同一个大学校园，校园成为博物学中重视的"地方性知识"非常重要的一个操作空间，这也是我们提出博物校园的一个出发点。如何在校园培养基本的博物学观察技能？

答：博物学有一个重要的特点，即对特大尺度和特别小尺度上的事物不太关心。太大的东西普通人看不到，太小的东西也看不到。博物学比较在乎能用米和年这样的尺度来度量的东西，这些是与我们日常生活非常密切的事物。

观察植物，是进入博物学大门的一种较好的方式，观察动物也一样，只不过后者相对困难一些。培养博物学爱好可以从观察校园植物，记录校园植物，理解校园植物开始。这样做方便、省钱，可反复进行。

认知校园植物，要响应孔子的号召"多识于鸟兽草木之名"。要是不知道名字，一切都无从谈起。有人说我们学校有一种植物非常漂亮，描述了半天别人还是不明白。想传达一种植物的形态非常困难，用科学术语描述也不太容易说清楚，向普通人描述起来就更困难，所以最好先知道它的名字。在信息网络的时代，有了名字，相关知识都可以共享。名实对不上，已有的知识，与自己毫无关系。

拉丁名是学名，是不是只有拉丁名最重要呢？不是！第一步是要知道它的土名、俗名，这就是所谓的地方性知识。

当我们看到一种不认识的植物，怎样才能知道它的名字呢？没有通用的办法，请教别人是一种方法，作为一名植物人，需要有一定的自学能力。要熟记一百种植物的名称及其所在的科（family）。再见到新的植物要与此对比，寻找相似性和差异性。在三年时间里，可以熟悉近100个科的植物，在北京常见植物也就一百多个科，全国也不过四百多个科。

问：您在《看得见的风景：博物学生存》一书里指出，"北京大学后湖北大生命科学院门前立有一个巨大的双螺旋模型，雕塑下面还有一个牌子明确指出是DNA模型。其实是不对的，因为雕塑是左旋的，整体具有左手性。"这是非常有意思的发现，因为很少有人从博物学角度注意到大学校园里树立的雕像有什么问题。您能否跟我们分享下您在各地高校里做博物学认知的一些趣事？

刘：我的确很关注手性问题，从小就关心，一直持续到现在。我很想知道手性对称与手性破缺的机理，但这非常难。第一步是先从博物学层面收集事实，观察现象。即使到了现在，人们（包括科学家）

对植物手性的描述也不充分，还有一些错误。

至于你说到的雕塑，我早就发现了。这类错误的DNA模型非常普遍，真是奇了怪了！即使美国的《科学》杂志封面，也把DNA分子的手性画反过，我记得那一期主要是讲基因组，我们国家的书刊中，画错的更多了。左与右重要吗？相当重要！回想一下"反应停"这种药物的历史就知道了，合成药物中错误的手性可能导致严重的后果。

我关注植物手性这件事，发现《中国高等植物图鉴》和《中国植物志》并没有严格定义什么是茎左转和茎右转，更没有区分自转和公转。其实我并不在乎把哪一种转向叫做左，而在乎是否做到了一致性。遗憾的是，这样的获奖作品中，并没有做到一致性，比如关于薯蓣科薯蓣属、豆科紫藤属若干种的描述。

你说的北京大学的那个雕塑现在已经不存在了，拆了。这也好，它既不美观，也不正确！

近些年，校园博物学也兴旺起来，比如北大绿协做了许多很好的一阶博物学工作，我个人也介入了一小部分类似的工作，还经常带植物爱好者在校园里认植物。

问：我还注意到一个问题，每个大学校园都有不少植物，但是很少有大学会对植物进行挂牌分类，感觉北大挂牌的也少？所以很多同学可能对身边花草树木真叫不上名字来，如果有一本针对本校的植物手册，当然就更方便了。我知道2012年北大出了《燕园草木》、《北大看花》，可以说是对校园植物全面的博物学指南，您也参与其中的编写了。您认为，一个高校若要在博物学方面做得比较到位，有哪几件事情是必须做的？

刘：挂牌子非常重要。现在不但校园中植物挂牌不充分，连大型植物园也如此，并且常有错误。汉字有错，拉丁文也有错。

我非常高兴受邀请参与老校长许智宏院士与顾红雅教授主编的《燕园草木》，这部书受欢迎的程度超出了大家当初的预期。

部分兄弟院校现在也行动起来，开始编写自己的校园植物手册。武汉大学的已经出版。南开大学的《南开花事》在我的推荐下，马上就会在商务印书馆出版。据说上海交通大学和清华大学也在编类似的书。编这类书虽然算不了什么大不了的学问，但是非常重要，它的受益者非常广泛。广大师生都可以使用它们，更好地了解校园的历史与现状。它们甚至可以用作礼品书、用于高考招生宣传，比起其他东西，它们或许更靠谱更实在。

校园面积很有限，但是有了博物眼光，在有限的空间里可以发现无限乐趣。即使同样的植物，反复观察也能看到新现象。除了植物，北大校园中鸟也非常丰富，据说有170多种，这非常值得出版一部北大鸟类手册，已经有人在操作。

许多人反映，校园建设经常不顾及树木花草的生命与历史，没有把它们看成学校的有机组成部分，建筑施工经常随意破坏植物。北京大学也如此。我记得博物学家洛克曾担任过夏威夷大学校园美化委员会的主任，在他的主持下，夏威夷大学迅速变成一个热带花园，植物种类一度达到500多种，并且在地图上清晰地标明。如今夏威夷大学校园中大部分植物可在 Google 地图上查到，有具体坐标和植物介绍、照片。2011年我就建议北大也把校园建筑、校园植物的GPS数据与影像结合起来制作成网络电子地图供民众使用，但没人响应。

许多校园都热衷于铺草坪，在干旱的北方这些外来草坪很难成活，据我观察，一两年就换一次。换了死，死了换，不断折腾。草坪上刚长出一些本土种，不是被一株一株拔掉就是随整体草坪被翻土而折腾死。除了经济利益的考虑，我相信，也存在不懂博物学的原因。许多师生与我有同样的看法，但我们说了不算，要听学校规划部门和园林部门的。

（《大学生》，2014年18期）

做实生态文明理念，从中兴博物学入手

在以GDP增长为导向的经济发展模式下，人们片面追逐经济效益，甚至不惜破坏生态环境。物质生活越来越丰富的同时，人们的精神世界却越发空虚。而能真正静下心来关注自然、关注生态的人并不多。现在大部分城市的孩子从小就在钢筋混凝土环境中长大，手机、网络成为主要交流渠道，很少有机会去体验大自然的生动与美好。只有发现大自然的美丽，才会发自内心地去保护她。在此背景之下，复兴博物学开始成为生态环境保护领域人们所关注的话题。

问（《中国社会科学报》记者）：您原来主要从事科学哲学、科学思想史的研究，后来是什么原因促使您开始研究博物学？

刘华杰（以下简称刘）：哲学家与博物学家身份重合，在各个时代均有先例，如亚里士多德、卢梭、达尔文、梭罗、利奥波德、威尔逊，我向他们学习是没错的。当前，中国社会发展遭遇巨大的挑战，一是贫富差异陡增，导致社会不稳定。二是疯狂的工业发展以破坏环境、资源为代价，严重影响到中华民族的可持续生存。作为哲学工作者，必须面对、思考这些问题，不能只停留在文本、概念的思辨性讨论上。

推动博物学的复兴，是针对上述第二个问题的，第一个问题我管不着。初看起来，我的应对比较偏门。许多人认为，改善人与大自然的关系，需要推动法治，加强管理。在我看来，这些也是需要的，但从哲学、心理层面看，仍然是治标不治本。在全社会恢复博物学，有可能改变人类个体对大自然的感觉、知觉，美化人的心灵，从而把生态文明的理念做实。

改变心灵，为什么不用新宗教而用新博物学呢？我仔细想过，想了很长时间，主要有中国历史文化的考虑和自然主义路线的考虑。在这里，三言两语讲不清楚，有机会另讲吧。总之，哲学与博物学，在我这里是一件事。

问：您如何理解博物学在近代以来衰落的原因以及当前复兴博物学的瓶颈。

刘：如果要区分一下近代和现代的话，近代恰好是博物学蓬勃发展的时期。在维多利亚时代（在19世纪中）西方博物学达到了最辉煌的阶段，想想达尔文和华莱士就知道了。博物学衰落是从19世纪末开始的，在20世纪中叶全面衰落。

博物学推动了资本主义的经济发展和帝国扩张，到后来却无法进一步满足资本增殖的需要。在现代化大潮中，作为一门学科，博物学已经被自然科学界抛弃、取代。仿照田松教授的话，博物学不再有资格作为资本的帮凶（某种程度上这也是好事）而耀武扬威。在中国教育部的学科目录中，也找不到博物学的身影，西方国家也大体如此。近代以来，中国的教育跟着西方走（曾有一段跟苏联走），毫无"自性"，很悲哀也很无奈。博物学在西方以另一种形式在发展（走向民众），但在中国就不一样了。在近代，中国传统的博物学进路当中西较量时，在路线选择上已从体制上中断传承，西式博物学也因为肤浅、落后只在解放前传播了一阵而迅速被抛弃，新中国的教育只盯着最前沿、最有力量的"干货"、"硬货"，各级教育机构对博物学根本瞧不上眼。现在领导言必称"高科技"，博物学自然没地位。

博物学衰落有许多原因。最主要的恐怕是，学术经历职业化洗礼，学者受军事、工业、贸易的驱使不断寻求更强大的"力量"，学科走向了专业化，不断向"奇技淫巧"方向发挥，博物学因"肤浅"、"力量弱"而无法满足野心家的胃口。从历史上看，衰落有某种不可避免性。不过，工业化、全球化发展迅速带来一些问题，也为复兴博物学带了契机。针对工业文明的问题，学界也发明出一些新玩艺，期待修修补补，如生态学、生态工程学、保护生物学等。细看的话，这些新学科与博物学都有明显的渊源关系。但这些学科要么走向异化要么被迫驻守边缘，这些学科也都没为广大民众参与创造足够的机会。

当下，复兴博物学的瓶颈在于文明选择的标准和唯科学主义惯性的障碍。需要克服唯科学主义，需要反省我们的生活方式和价值观念，博物学才能真正复兴。博物学不是自然科学的真子集，必须反复强调这一点。复兴博物学不是目的，目的是让百姓过上可持续的幸福生活。

问：复兴博物学还有很长的路要走。作为复兴博物学的领军人物，您如何看待博物学在人类文明发展过程中的作用，以及复兴博物学对当前社会发展的现实意义。

刘：博物学有各个层面的考虑。在最高层面，博物学提供世界观和方法论，在最低层面涉及衣食住行玩。比较而言，博物学的作用是慢的、弱的、底层的、持久的。博物学作为人类认知的一个悠久传统，长期累积起来许多宝贵智慧、财富。它包含了人类群体和人类个体与大自然打交道的智慧，也包含了人与人打交道的智慧。博物学高度重视事物缓慢、持续演化中的适应过程。人类如果不想死得快，就不得不慎重处理适应问题。现代社会的发展已经导致许多不适应，而从演化论、博物学的角度看，忽视适应性要冒巨大的风险。我相信，博物学在遥远的过去和持久的未来，都扮演着慢变量的角色。慢变量是来自协同学的一个重要概念。在协同学（Synergetics）看来，系统发展中慢变量(slow variable)支配快变量，即老子讲的"静为躁君"。博物学看重传统，因而在乎传统智慧及其传承，不盲目崇拜新玩艺。当然，这不意味着不思进取，而是对基于商业利益和军工利益研发的种种新枷锁保持警觉。复兴博物学，从大的方面看，与求得全社会的和平发展是高度一致的。就中国而言与和平崛起是一致的，中国若能和平崛起对全人类是莫大的贡献，因而复兴博物学自然也涉及到中国的国际形象。做哲学，必须有大的视野。

这些可能比较虚，那么我们谈点实的。恢复博物学就个体而言是非常实的，有助于心灵的安宁，有助于在枯燥乏味的人生旅途中发现无限乐趣，有助于重建个体与大自然母亲的新对话。要明确的是，我没有说充分必要关系。事实上，从科学哲学和逻辑学的角度，我已经阐述过广泛存在的"双非关系"："既不充分也不必要或许很重要"。博物学也不应当例外。我不会因为个人喜欢博物学，而把它吹

得非它莫属。人外有人，天外有天；天下学问多得是，学者只需做好
自己的事。

问：请您谈谈博物学与其他学科的关系，特别是与社会科学学科
有哪些关联。

刘：博物学与当下还活着的许多学科有密切关系。比如与演化生
物学（进化论）、生态学、保护生物学有重要关联，甚至许多做法是
一致的，但也有差异。与动植物分类学、动物行为学、海洋生物学、
林学、地质学、气象学、传统天文学、心理学、中医药学等，都有关
系。与人文社会科学中的哲学、民族学、人类学、历史学、经济学、
社会学、考古学也有关系。

问：博物学的思想精髓与倡导生态文明、建设美丽中国的理念不
谋而合。您认为博物学研究对于生态环境保护具有哪些意义？

刘：博物学将起到特殊的作用，而不是一般的作用。环境保护
法、生态保护法是硬性的，表面看来更重要。不过，法的落实最终需
要个体心灵的响应。博物学瞄准的是个体心灵。博物学对于生态文明
建设会起软的、缓慢的、持久的作用，润物细无声。如果想来快的，
立竿见影、速战速决，对不起，博物学帮不了忙。个体修炼博物学，
改变的将是对大自然的态度、生活的态度，这个相对于外在的法律法

规约束，显得更为根本。但是，为了严密起见，我不得不说这里仍然没有充要关系，还得用我提出的"双非关系"来理解。我不会说修炼了博物学就一定如何如何。

问：请您介绍一下您近年来关于博物学的著作，目前研究博物学的新成果以及正在开展的研究项目。

刘：我对一阶博物和二阶博物都有兴趣，一阶可看《天涯芳草》《檀岛花事》，二阶的可看《博物人生》《博物学文化与编史》。

从哲学和科学史的学术角度看，只有二阶才算学问。我目前在哲学系任职，自然要考虑二阶博物学。我带领研究生研究中外博物学的历史、文化，希望重写科学史、文明史。就认知层面，我关注博物学独特的认知方式，比如我已发掘出《诗经》中"赋比兴"的认知含义。长期以来，二阶博物学研究极端边缘化，甚至根本没人关注。现在有了一些变化，在中国也许与我们的努力有点关系。去年，国家社科基金以博物学文化与公众生态意识的关系立项，我幸运地成为首席专家。半个多世纪以来，"博物学"字样首次进入我国的基金项目，这似乎有一定的象征意义。我相信，各种基金会越来越多地资助与博物学相关的研究。

问：近年来，您的关于博物学的研究成果很多，但是观察、研究自然生态肯定会花费很多时间，您如何处理好实地考察与做研究之间的关系。

刘：时间，时间，大家都说没有时间。时间对每个人都是公平的，看不出还有别的什么能做到如此公平。时间的分配是与价值判断直接相关的。被自己认为重要的事情，自然就会占用更多的时间。但什么是重要的，标准在个人头脑中，但多数人不动脑子，随大流，于是赚钱当官似乎成了最重要的。吴燕发明了一个好句子："时间，就是供人们浪费的！"这当然是反讽。我的解释是，不要太在乎当下被认可的关于"重要性"的判断，不能只在所谓的"重要事物"上花费时间，也可以在"不重要的事情"上花费点时间！博物学，被主流价值观认为是不重要的，即不值得花费、浪费时间。而对我，恰恰相反。对于做与博物学相关的事，我欣喜并总是有足够的时间，我愿意在此浪费时光！我的手机通常是关闭的，仅此一项就节省了许多时间。一阶博物学与二阶博物学相比费时更多，我不肯放弃一阶博物学，因而在野外考察上确实用掉了许多时间。我认为很值。读万卷书行万里路，对于做出好学问都很重要。行走在山野中，能够更好地获得灵感，于我而言，是生命之需。在野外，我一边观察也一边进行哲学思考。躺在帐篷中，可能更能沉浸在哲学思考中。哲学思考是慢工夫，要不断思索，有些问题可能考虑了一两年、十几年也没有想明白。我现在做事情，还算知行合一，感觉还好。我做一阶的东西，并没有耽误二阶的东西，我们单位对我做什么一直颇宽容，对博物学研究是很支持的，感谢北京大学，感谢北京大学哲学系，感谢我的同事、朋友。

问：复兴博物学，当前我们国家正在做的工作有哪些？您也去过不少国家考察，其他国家都有哪些好经验值得我们借鉴？

刘：国家层面所做的，我只知道一小部分，真的！况且有些是真做的，有些是不那么认真做的。不过，我的确注意到十八大文件中关于"生态文明"建设的提法。我宁愿相信这是要动真格的！落实生态文明建设的理念，需要做多种努力，我呼吁的恢复博物学或者建设新博物学，只是其中我力所能及的一件事，这件事相对于国家的种种考虑显然是小事！我管不了那么多，我只管好我能做到的。

任何一个发达国家，生态环境做得好的国家，都有发达的博物学，特别是在公众层面博物学深入人心、广为实践。真的无一例外！如果哪位不信，欢迎找出反例。中国将努力步入发达国家，我相信中国也不会例外。发达，不是只指吃饱了、有钱了，更指心灵的成熟。说点实在的，发达国家都有大量的博物学书刊，大批民众在日常生活中实践着博物学，而我们远未做到。目前在观念上都没有转变，没有充分意识到博物学对百姓日常生活的重要性。媒体对博物学的关注、倡导不够，出版业没有提供百姓需要的博物学读物。在北京，更不用说其他地方了，公众想了解周围的蝴蝶、植物、蘑菇、鸟类，能找到公开出版的像样的手册吗？我明确告诉大家，基本找不到！而在美国的任何一个州，都有多种这类手册。这就是差距。别怪百姓无知、不觉悟，要怪就怪精神供给不足。要怪就怪专家眼中无百姓、"仰壳儿尿尿向上浇"（东北俗语，指唯上唯权）。中国科学家不是不能写，而是不想写！出版社不是不能出，而是没想到民众还有这个需求。

问：请您谈谈复兴博物学与科学普及工作的关系。我们也发现，现在的家长也逐渐意识到要带孩子多接触大自然，那么在人们的日常生活中如何普及博物学？此外，对于普通读者，您推荐阅读哪些方面的书籍？

刘：我跟科普也算打过一些交道，坦率说也不大想再碰"科普"这个词。科普有许多不同的进路，我无意贬低别的进路，只需要强调我所认可的进路也有价值即可。我的确认为倡导公众博物学，是不错的科学传播进路。好处是，能够调动公众的兴趣，引导公众欣赏自然之美，也能从低门槛进入从而一瞥科学的殿堂。就认知和传播而言，在教育界和科普界，长期以来我们在乎最终的成果结晶，在乎传播教科书上的最新知识，即波普尔的"客观知识"，忽视波兰尼讲的"个人知识"，更不讲梅洛－庞蒂的"我的知觉"的现象学。那样做的后果很不好，使外行以为科学只是固定的、刻板的知识，忽视在兴趣与问题引导下的不断追求真理的过程，更为糟糕的是在此简化过程中删除、否定了作为主体的人的因素，否定"我"在理解科学、推动科学中的能动性和中介性。

家长带学生步入博物学，说简单也简单，让孩子有更多机会到大自然中玩是最重要的。再适当引导孩子们观察、提出问题、尝试回答问题，就更好了。在大自然中玩，极为重要，再说一次。普通读者想修炼博物学，第一步是仔细想想自己喜欢什么，博物的范围很广泛，一定要找准自己的兴趣点。开始时也可以尝试两三个，最好一个，不要多。比如，可以考虑植物、昆虫、鸟、鱼、哺乳动物、矿物、岩石、贝壳、古代器物等。第二步，阅读相关材料，要一边实践一边读。第三，找到同行，共同前进。第四步，开发新爱好，由此及彼，注意系统关联。在此过程中，撰写个体笔记、建立个人自然档案非常重要。

问：在当今社会倡导返璞归真的趋势下，您对博物学发展前景有何期许？

刘：我清晰地了解到，目前想返璞归真的，毕竟还是少数。无论别人怎么看，我都会顽固地坚持。我相信博物学的春天已经来了。复兴博物学是时代的要求、是社会发展的需要，我只是顺应了这样一种趋势，稍稍推了一下而已。现在出版界对博物学兴趣非常大，已经有多家出版社邀我帮助策划引进优秀博物学著作，许多社也开始愿意出版国内作者的作品。博物学史、博物致知以及基于博物视角的中华文明史、世界文明史研究也会发展起来。

（《中国社会科学报》，2014年8月7日至9日采访）

附 | 录

一门有根的学问和一个有趣的人

吴 燕

在我小时候一系列信马由缰的理想中有一个理想是背着画夹子踏遍青山，我的想法其实很朴素：用画笔记录我看到的感觉到的，那该有多么帅。但是在我把纸笔准备停当之后，我的有如无缰的野马一般的兴趣已经迅速转移到别处了。许多年后当我把当年那一卷素描纸重新翻出来的时候，我忽然明白我曾经梦想的风景一直只在纸上，而从未变成过现实。所以，作为这样一个梦想的巨人现实的宅人，我一直很羡慕华杰老师的生活方式：这位在好友圈中素有"拈花惹草"之美名的哲学教授，同时也是一个喜爱大自然的人，他似乎永远准备好了下一秒出发，甚至只是为了一株植物也可以即刻动身踏上行程。每念及此总忍不住想，行动，会不会就是爱自然与不爱自然之间最一目了然的界线？

《博物人生》记录的就是华杰老师探访花草世界的行动与思考。全书共分六章，前五章专注于对博物学的理论与史学讨论，第六章"走进草木世界"是作者本人在自然中寻访各种植物的经历。乍看起来，似乎只有第六章记录的才是"行动"二字，但是仔细再读就会发现，散落在各个章节的那许多照片都来自作者在自然中的发现与体验；即使书中那些关于理论的讨论也往往是基于现实中的个案或历史过往而得到。从这种意义上来说，称博物学作一门"有根"的学问可谓恰如其分；与之相呼应的是作者自己有根的成长经历，"从小，我对土地就颇有好感，这种感情始终保持着。我固执地以为，人世间的一切价值最终都依附于土地，离开了土地，个人、人类就不能存活"。

溯源而上，博物学曾在人们的生活中扮演着重要的角色。比方说华杰老师就观察到"现在每一门响当当的学问，在发展的过程中几乎都有着博物的发展阶段，以医学为甚"；而那时的普通人也能识得身边的植物，甚至在今天，在一些远离都市与现代的地方，仍然还有许多人靠博物学生活。读到这里的时候就不由得想起了顾炎武之"三代以上，人人皆知天文"，若论起来，天文与博物学当是近亲，从实用的角度来说，它们都曾为人类的生存提供了一个基本坐标与依赖；从不那么实用的角度来说，它们的美丽给了人类一颗温暖的心和懂得欣赏的眼睛。

但是数理科学的兴起与近代科学从诞生到风光无限的历程改写了人与身边自然之间的故事。生机勃勃的自然变成了走时精准的时钟，变化了的不是自然，而是人看自然的眼睛。"在现代性的偏见下，西方自身的博物学知识长期以来也没有得到应有的重视、整理"，甚至在生物学界也是如此，而更糟糕的是"即使人们为了别的目的间接提到博物学，也说只取其'精华'；对于用时下流行的观念和知识理解起来感到困惑的博物内容，科学家和科学史家通常充满了不屑，要把它们从正统的知识史、科技史中剔除"。这种不屑既来自偏见，也来自以现代科学技术撑腰而获得的信心满满。传统断裂处，正是博物学在现代社会的意义所在。当霍金说"地球毁灭是迟早的事，人类若想延续生命与文明，只有移居至太空"，作者则从中看到了"数理科学家一贯的不负责任心态"，与之不同，"博物学鼓励人们发展负责任的知识，关爱地球母亲，永不放弃。如果地球因为人类的折腾而提早毁灭，还谈什么'文明'？"当西方中心的科学史观将中国古代文明拆解得七零八落，作者则提醒说中国历史上的实用科学与希腊的理性科学"各有特点，各有短长"，"作为一名中国人，我们首先在观念上要学会理解、欣赏我们祖先的智慧和生活方式，而不是忘却和藐视"。

理解与欣赏。读过全书就会明了，这其实也正是博物学看身边自然的眼光，而美，永远只会向懂得欣赏的眼睛展露笑颜。它们其实是一种天性吧，就像人类早期与天空、与大地相伴时一样。但是假如逼仄的生活销蚀了这些天性，那么找回它们最直接的方式就是做一个行动者，当然，正像华杰老师所说，"在博物学上取得成就，未必一定要到天涯海角探险。我们身边有大量貌似熟悉的自然事物，实际上，并未得到认真观察、研究、理解"。这是一个因为熟视而无睹的世界，但是假如用心去看去感觉，你也许会在那里找到一个大大的惊叹号。

刘华杰呼吁复兴"博物传统"

王洪波

2014年8月8日，中国科学技术出版社在北京大学组织召开了"《檀岛花事》与博物人生"座谈会。由中国科学技术出版社出版的《檀岛花事：夏威夷植物日记》是北京大学哲学系教授刘华杰的新著。多年来，刘华杰为复兴博物学传统而大力鼓呼，并积极践行"博物人生"。此书即是他花费一年时间，前往夏威夷观察、研究当地植物而完成的一本博物学著作。

"自然科学有四大传统：博物传统、数理传统、控制实验传统、数值模拟传统。由于近代以来数理传统等占据压倒性优势，博物传统衰落了，人与自然关系的恶化不能不说与此有关。"刘华杰表达的观点在会上引起强烈共鸣，吴国盛、刘孝廷、刘晓力、武夷山等学者都高度评价了刘华杰在推广博物学方面取得的成绩。"博物学是一个悠久、强大的传统，古人对山川地貌花鸟鱼虫的观察记录都是博物学，其实中国古代的天文学某种意义上就是星空博物学。在理论上论证博物学的价值，为博物传统的复兴而鼓呼，在这些方面，我和华杰高度契合，也做了一些工作。遗憾的是，我与花草树木没'缘分'，植物名字都记不住，而华杰能够真正践行'博物人生'，令人羡慕。"吴国盛说。

　　《檀岛花事》分上、中、下3册，共计78万字，图片1000余幅。此书是迄今为止我国第一本详细记录异域植物的书。

　　《檀岛花事》以第一人称的游记体生动记录并用精彩照片展示了作者所观察到的大量夏威夷本地植物和外来植物。该书为人们深度了解夏威夷的植物种类、本土种与外来种的竞争、生态变迁、植物保护、自然教育等提供了鲜活的材料，也为自然爱好者快速熟悉陌生环境、准确识别当地物种以及尝试博物学生存提供了一个很好的样本。

在夏威夷行走、记录

温新红

2011年，因北京大学与夏威夷大学的一个交流项目，北京大学哲学系教授刘华杰到夏威夷大学作为期一年的访学、研究。这一年他过得极为"悠闲"，不上课，不开会，一大半时间在夏威夷行走。

"上午从夏大（夏威夷大学）向东南方向步行，目标是'钻头山'。""6:30出发，步行到马诺阿山谷里边的莱昂树木园。"

如无意外，刘华杰在夏威夷的每天都是这样开始的，背着用了多年的尼康D200到户外观察、拍摄植物。

一年对夏威夷植物的记录，刘华杰收获了一套三本的《檀岛花事：夏威夷植物日记》（下文简称《檀岛花事》），该书即将由中国科学技术出版社出版，现在亚马逊网站预售。

岛上的观察生活

"哈纳乌马湾及其东北部，用鱼眼镜头拍摄海蚀地貌。""今天过年，想登高而望。9:45出发，计划走克娄瓦鲁山道，再与瓦黑拉脊山道会合，向北行进，一直登到南北分水岭。"

不要以为上文出自某部探险游记，这是刘华杰在夏威夷的经历。一年时间，刘华杰攀爬数十条山道，走遍了夏威夷的四个较大的岛屿，即考爱岛、瓦胡岛、毛依岛、大岛。当然，行走、爬山都是为了记录植物。

2011年9月，把夏威夷大学所在瓦胡岛上的植物园逐个看一遍；2012年2月5日至9日，花5天时间骑自行车环大岛一周；2012年4月到毛依岛欣赏植物，摸黑登上高山东君殿，见到"魂牵梦绕的剑叶菊"——这种高大的菊科木本植物绝对是夏威夷的象征；2012年6月到古老的考爱岛考察随处可见的夏威夷特有植物。

在夏威夷，刘华杰基本上是一个人活动，常常所到之处也只有他自己。有时会身处危险之中，像刀刃般的马纳马纳岭被称作Death Ridge的专业级险路，刘华杰艰难地登了上去，之后几天还心有余悸。

还有一次上山看植物连续走错路，这次经历让他体悟到，登山一定要注意"可逆性"，即每一步都要可上可下。

快乐的时候更多，"路上遇到了许多好心人，他们热情地帮助我，我永远都会记得。有一位先生见我一人在山路上往回走，竟然把车倒回，让我上车下山，并一直送我到家。我向当地人打听植物时，每个人都非常热情，尽可能帮助我这个外国人。"刘华杰说。

《檀岛花事》最后一部分是长达24页的中英文"植物名索引"，不过，这800多种植物并不是记录的全部。

刘华杰告诉记者，他本人没有具体统计过，但一年中他在夏威夷涉及的植物不止这个数，拍摄的植物远比这个数目大，目前已经分类的夏威夷植物也远比这个多，如豆科就按照片分出38个属，有的属中有1~6个种。另外拍摄的大量外来种没有收录书中。

本土植物是最美的

2012年6月21日下午1点，刘华杰由檀香山飞往考爱岛的利胡埃，然后直奔著名的红河谷。下午4点15分到达韦尔克斯菊自然环道附近，"找到盼了几个月的韦尔克斯菊！从停车到拍下第一张韦尔克斯菊照片总用时不过一分钟。远处是夕阳照耀下的红河谷东坡，近处是相对平缓的西坡。约会韦尔克斯菊的现场十分安静，这里只有我一个人。"刘华杰在日记里写道。

"看到的那一瞬间我兴奋不已，觉得花多少钱、出多大力气都值。"刘华杰告诉记者他当时的心情，因为"世界上只有夏威夷有这种植物，夏威夷只有考爱岛有，在考爱岛只有红河谷一带才有。"

《檀岛花事》中的植物照片说明不仅标注名称，还标出"特有种""本土种""外来种"等。很容易理解，这指的是本土植物与外来植物。

尽管刘华杰观察研究植物多年，但刚到夏威夷时，"我也被耀眼的外来种吸引，热心于欣赏塔希提栀子、蓝雪花、莲叶桐等。"刘华杰说。但很快，他就开始欣赏独特的本土植物了，像摇叶铁心木、弗氏檀香、韦尔克斯菊等。

随着他对夏威夷民族植物学了解得更多，对许多植物也有了新的理解。"我第一次了解到夏威夷与中国广东之间檀香木贸易的后果后，就特别关注檀香科檀香属植物，一年下来，我对这种属比较清楚，也发表过一篇论文。"

"坦率地说，这一年是我第一次全面留意身边的一切植物，特别是本土植物。"刘华杰告诉记者，本土种与外来种涉及到生态入侵，给他留下了深刻印象，这是以前没有的。而且他渐渐明白一个道理："本土的植物是最好的、最美的，这是信念也是事实真理。"

博物日志的个人体验

《檀岛花事》用的是日记体,自然这部植物日记并非只记录了植物,也分享了刘华杰在夏威夷的一些经历,如读书、种菜、租车、到超市购物以及夏威夷的建筑、气候、风俗等。

明显带有个人特征的观察和思考在书中随处可见。"独自旅行有一个好处,夜晚总是可以静心思索一些哲学问题:必然、生死、崇高、解放、自由以及幸福。"

到夏威夷大学入住宿舍的第一天,发现这幢建筑"不同凡响",竟然有分形的味道,4层的房子看起来像十几层甚至几十层的大楼。果然,这一片的建筑出自建筑大师贝聿铭之手。

去夏威夷前,中国科学技术出版社向刘华杰正式约稿。故此,从2011年8月8日抵达檀香山到2012年7月13日返回北京,刘华杰留下了较完全的日记。

"当时并没想到最终形式是日记体。"刘华杰告诉记者,后来考虑到日记体写作在博物写作中有传统。而且通过这套书,"我也希望更多人以日记体写出自己的自然体验"。

当然,刘华杰解释说,博物学写作可有多种形式,不能说哪种最好,只要有独特内容、有真情实感就好。

在整理、补充日记的过程中,刘华杰感觉他在尝试新博物学。也就是说,在现代化的今天,个体如何让身心回到大自然中,过一种非主流的日常生活。

"我不清楚目标实现了多少。这一过程中，我一直在考虑自然科学起什么作用，从我个人的博物体验中就关于物种、进化、可持续演化能够得出什么结论？与科学家得出的结论是否一样？另外，在了解大自然方面，除了科学家的视角外，博物学视角是否有自己的独特地位？我的回答是："有！'"只要我们个体认真，就能发现本地多了什么、少了什么，生态起了怎样的变化，进而可以尝试搞清楚是什么导致了相关的变化以及自己可以做点什么。"无疑，在夏威夷的一年，刘华杰对博物学的理解更深了。

图书在版编目（CIP）数据

博物自在 / 刘华杰著. ——北京：中国科学技术出版社，2015.8

ISBN 978-7-5046-6844-8

Ⅰ. ①博… Ⅱ. ①刘… Ⅲ. ①博物学 – 问题解答 Ⅳ. ①N91-44

中国版本图书馆CIP数据核字(2015)第150132号

策划编辑	杨虚杰
责任编辑	胡 怡
创意设计	林海波
责任校对	何士如
责任印制	马宇晨

出版发行	科学普及出版社
地　　址	北京市海淀区中关村南大街16号
邮　　编	100081
发行电话	010-62103130
传　　真	010-62179148
投稿电话	010-62103136
网　　址	http://www.cspbooks.com.cn

开　　本	880mm×1230mm　1/32
字　　数	173千字
印　　张	9
版　　次	2015年8月第1版
印　　次	2016年5月第2次印刷
印　　刷	北京金彩印刷有限公司

书　　号	ISBN 978-7-5046-6844-8/N・201
定　　价	39.80元

（凡购买本社图书，如有缺页、倒页、脱页者，本社发行部负责调换）

关于本书

博物学（natural history）是一门有着数千年历史的古老学问，也是自然科学的四大传统之一，却不见于当下教育部门的学科、课程体系。现在许多人已经不知博物学是干什么的，不清楚它与地质学、生物学、生态学、保护生物学的重要渊源。博物学真的没用吗？本书以常见问题回答（FAQ）的方式回应了若干疑问，对于明确博物学的性质以及恢复博物学均有重要参考意义。作者还通过实例展示了博物学的存在形式以及可能的参与方式。

关于作者

刘华杰，1966年生，吉林通化人，北京大学地质学本科，中国人民大学哲学硕士、博士，现为北京大学哲学系教授，博士生导师。研究方向为科学哲学、科学思想史和科学社会学，近些年积极推动复兴博物学。教育部新世纪优秀人才，国家社科基金重大项目（13&ZD067）首席专家，文津图书奖获得者，台湾吴大猷科普佳作银签奖获得者。主要作品有《浑沌语义与哲学》《分形艺术》《以科学的名义》《看得见的风景》《天涯芳草》《博物人生》《檀岛花事》《博物学文化与编史》等。